ロシアを見れば日本がわかる

日ロ比較農業史

玉 真之介

はじめに

二〇二二年二月のロシアによるウクライナ侵攻のニュースが世界を駆け巡る中で、ロシアとはいったいどういう国なのか、という思いをめぐらした人も多いのではないか。私もその一人だった。まずはロシアの国の成り立ちを歴史的に思い浮かべた。すると、ロシア革命とソ連の歴史、さらにソ連崩壊後の見当がつくが、革命前のロシア帝国のイメージが思い浮かばない。特に、ウクライナとはどういう関係だったのか。イギリス、フランス、ドイツ、辛うじてイタリアまでは中世まで遡ってイメージできるのに。

本書の執筆は、こうした素朴な問いを一つの動機としている。なので、本書を読んでもらえば、ロシアという国のおおよその成り立ちを中世まで遡って知ることができる。ウクライナとの関係も含めて。しかも、その時々の日本の歴史と対比しながらである。

実のところこれは、これまでの日本史研究に対するアンチテーゼでもある。つまり、日本だけの一国史（同時代の他国との対比を欠いた日本だけで完結する日本史研究）では、日本という国の本当のユニークさは解き明かせないのではないか、という。本書の歴史記述の未熟さは、筆者も十分自覚している。それでも、本書に一つ誇り得るものがあるとすれば、それはロシアと日本の農業史を対比するという、これまで誰もやったことのないテーマに、冒険的に挑戦したという心意気である。

本書は、二〇二二年に上梓した拙著『日本農業5・0：次の進化は始まっている』（筑波書房）の姉妹書となる。この拙著は、今日の日本農業の中に江戸時代に遡る「イエとムラ」という遺伝子（DNA）を見いだして、日本農業の歴史をこの遺伝子が保存されながら、時代の変化に適応して進化しつつ現在があるとしたものだった。

言い換えると、近世から明治維新や戦後改革を貫いて現代まで、連続的な進化の歴史として日本農業史を描いたのである。このような生命論的発想で描かれた日本農業史は前例がなく、やはり冒険的なものだった。このように、近世から現代までを連続的に捉える捉え方を本書では、「超連続説」と呼んでいる。そして、その真の狙いは、学校教育や歴史教科書に長く定着してきた日本のグランド・ヒストリー（日本近代史像）に、オルタナティブを提示することだった。
その近代史像とは、〝反封建＝民主化〟という「戦後歴史学」（進歩主義と発展段階論）の課題意識に基づいて、明治の地租改正に問題の起点を求めて、近代の日本農業を「地主的土地所有」ないし「地主制」の農村支配とし、大正期以降の小作争議をそれへの挑戦、そして戦後の農地改革をその解決として完結する歴史像のことである。

このグランド・ヒストリーは、地租改正と小作争議と農地改革という三位一体の歴史認識に基づいて強固に構築されたもので、未だに通説の地位を占めている。しかし、この歴史像の最大の問題は、グローバリズムの時代の日本農業にも、そして現在の脱グローバリズム、米中新冷戦の時代の日本農業にも、何一つ示唆するものがないという歴史像としての貧困さである。

しかし、ここで興味深いのは、このグランド・ヒストリーが近代のロシア農業と日本農業を「相似」とする認識を有していたことである。というのも、このグランド・ヒストリーの形成に多大な影響を与えた山田盛太郎は、古典と言われる『日本資本主義分析』（岩波書店、一九三四）において、地租改正を「隷農制的＝半隷農制的従属関係の再編成」と定式化し、それゆえに「小農範疇の成立の余地なく（農奴制の解消形態たる雇役制度と債務農奴態とを特徴する旧露との相似）」（山田、一九三四：二一五頁、傍点は引用者）と、地租改正後の日本農業に農奴解放後のロシア農業を投影していたのであった。果たして、近代のロシア農業と日本農業は相似形だったのだろうか。

であれば、ロシアの農奴解放と日本の地租改正を焦点に、それ以前に遡って両国の農業史を比較した研究が真っ先になされねばならないが、管見の限りそのような研究は見当たらない。これは、大きな問題と言わねばならない。つまり、山田盛太郎が提示した根本命題が、歴史研究によって検証されないまま通説となっているのである。それだけでなく、それがグランド・ヒストリーとして、今でも学校教育と歴史教科書に定着している。その意味で、本書は、この研究史上の空白に挑戦する最初の試みなのである。

その挑戦にあたって本書は、グローバル・ヒストリーという方法を採用することとした。詳しくは本書の序章に譲るが、いずれにしてもロシアと日本を並列・独立に比較するのではなく、同時代の世界に対し両国が如何なる対応を行ったのか、その共通性と異質性を探っていく。それにより、本書は結論として、日本だけではなくロシアにおいても、近世の遺伝子が現代にも生き続けているという「超連続説」にたどり着いた。

ただし、それは遺伝子が同じだからではなく、むしろまったく異なる遺伝子だからこそ、現在の日本農業とロシア農業も姿形も異なるというものである。この結論の当否、賛否は読者諸賢の判断に委ねるが、少なくとも本書の結論が日本の近世のユニークさを際立たせるという意味で、多少なりとも日本史研究に対する問題提起となることを期待している。

このグローバル・ヒストリーの方法に立って現在の世界を見ると、目立つのはアメリカという超大国の覇権の衰えである。米ソ冷戦終了時の一九九〇年代における軍事・政治・経済のアメリカ一極集中や、マイクロソフトやアップルなどの情報産業が世界を制覇した時代は、今や過去のものとなった。ロシアのウクライナ侵攻も、新たに生じたハマス・イスラエル戦争も、いかなる超大国の覇権もいずれは衰えるという世界史の教訓になぞらえて見ることもできる。確かなことは、もし台湾海峡でさらに戦争が起きたとしたら、この三つの戦争に同時に対応できる力は、アメリカにはもうないということである。

日本は、こうした多極化しつつある世界に活路を見いだして行かねばならない。歴史は現状との終わりのない対話である。本書が、そうしたグローバルな歴史の見方に多少でも役立てるならば望外の喜びである。

ロシアを見れば日本がわかる

日ロ比較農業史＝目次

装丁・カバーデザイン：tamax

序章　日ロ農業史を比較する意味

この章では、グローバル・ヒストリーとはどのようなもので、なぜ重要かを述べた上で、近代日本のグランド・ヒストリー（日本近代史像）に絶大な影響を与えた山田盛太郎が日ロ農業を「相似形」と捉えていたこと、それにもかかわらず日ロの農業史を比較した研究がないことを指摘する。その一方で、明治時代にロシアを訪れた徳富蘇峰や徳富蘆花、さらに佐藤尚武は、相似どころか、日ロ農業がまったく異質という印象を語っていたことを紹介する。最後に、この日ロ農業の〝共通性〟と〝異質性〟を論じる上で、「封建制」「農奴制」「近世」の三つの概念が重要であることを指摘する。

ロシアと日本

十九世紀後半、時代はパックス・ブリタニカと言われたイギリスを覇権国とする自由貿易体制である。この時代にロシア・ロマノフ朝政府は、一八六一年から農奴解放を開始し、一八八三年にようやくそれを終えた。他方、日本の明治政府はロシアに十二年遅れて一八七三（明治六）年から地租改正を始め、ロシアよりも早く一八八一（明治一四）年に終えた。

かつてレーニンは『帝国主義論ノート』において、イギリス、ドイツ、フランス、アメリカの四カ国を「金融的・政治的に自立した国（α）」としたのに対し、ロシアと日本を「金融的には独立していないが政治的には自立した国（β）」に分類していた（『レーニン全集』第三九巻：六八七頁）。ここにも、両国が西ヨーロッパを中心とした世界秩序に、共に後れて参入した国家だったことが示されている。そして、この両国は、二〇世紀に入ってすぐの一九〇四（明治三七）年に中国大陸と日本海で戦火を交えるのである。

本書は、このロシアの農奴解放と日本の地租改正を一つのハイライトとして、日ロ両国の農業史を比較してみる試みである。〝試み〟というのは、これまで両国の農業史を比較した研究は例がなく、本書が初めてとなるからである。ではなぜ、これまで両国農業史の比較は、なされてこなかったのだろうか。その理由は様々あるのだろうが、一つは、日本における歴史研究が各国別に専門化し、国を超えてグローバルな視点から各国の関係や特質を探求する研究が軽視されてきたことがあるのだろう。

特に、日本史研究の場合は、日本が島国で外国から相対的に独立し、他民族の侵攻を度々受けると言った環境になかったことが影響を与えているだろう。その一方で、国内には多様な地域性があることから、研究は内へ内へ向かう傾向を持ち、同時代の他国と比較することで日本の特徴を鮮明にするといった志向性が育たなかったからといえる（三谷、二〇一六）。確かに近年は、東アジアとの比較農業史に進展が見られるが（坂根、二〇一三）、日ロの、それも農業史の比較は未だなされたことがない[1]。

本書が目指すのは、まさにこの研究史の反省に立って、ロシアと日本の〝共通性〟と〝異質性〟を究明することで、日本農業の特質をより深く理解することである。本書の題名を『ロシアを見れば日本がわかる』とした意味は、そこにある。ただし本書は、それにとどまらず、グローバル・ヒストリーの方法によって、新たな〝農業史像〟を提示することも目指している。

グローバル・ヒストリー

では、グローバル・ヒストリーとは何か。『グローバル・ヒストリーとは何か』（クロスリー、二〇一二）の著者クロスリーは述べている。「事実を発見し、そこから第一次的な歴史を組み立てるという不可欠な作業は、グローバル・ヒストリーに取り組む歴史家の仕事ではない。他の歴史家たちが行った研究を使って、比較を行い、大きなパターンをつかみだし、人類史の本質と意味を説き明かすような変化について、その理解の仕方を提起する」（同：五頁）のがグローバル・ヒストリーである。

実際、筆者はロシア史のまったくの門外漢であり、日本農業についても戦時・戦後が専門である。なので、本書はほとんど他の研究者の研究に依拠したものであり、そのため引用文が多数となっている。しかし、このグローバル・ヒストリーの方法に立つことで、日ロの農業史における「近世」という時代が持つ意味を問い直し、そこから「近世」・「近代」・「現代」の農業を連続的に捉える「超連続説」という新しい歴史の理解の仕方も提起できると思うのである。

それがなぜ新しいのかというと、かつては発展段階論といって、世界は各国それぞれに〝奴隷制→封建制→資本主義→社会主義〟という階段を登っていくのが〝世界史の基本法則〟であるとするマルクス主義の歴史学が強い影響力を持っていた。このため、ロシアで言えば、農奴解放の前と後、ロシア革命の前と後では、発展段階が異なるものとされ、同様に日本の場合も地租改正の前と後、農地改革の前と後ではやはり発展段階が異なるとされてきたのである。このかつての、しかし依然として根強い歴史の理解の仕方によると、「近世」・「近代」・「現代」の農業は当然、段階を異にした非連続なものであるだけではなく、「近代」についてはロシアと日本は「相似」するという定式化がなされてきたのである。

　この定式化を行ったのが、近代日本のグランド・ヒストリー（日本近代史像）を決定づける役割を果たした山田盛太郎『日本資本主義分析』（山田、一九三四、次頁図1）だった。この著書で山田は、地租改正を「隷農制的＝半隷農制的従属関係の再編成」（一八四頁）と規定し、ゆえに日本農業には「小農範疇の成立の余地なく（農奴制の解消形態たる雇役制度と債務農奴態とを特徴する旧露との相似）（土地改革を一応完了せる西欧との差異）」（二一五頁、傍点は引用者）としたのだった。この山田の定式化が絶大な影響を及ぼして、明治の地租改正は〝未完成〟の土地改革であり、その結果として「地主的土地所有」ないし「地主制」の農村支配が生み出され、一九二〇年代以降の小作争議がそれに挑戦したが、結局は戦後の農地改革で土地改革は完了したというグランド・ヒストリーが生まれることになった。そして、これこそ、未だに日本の歴史教科書や学校教育における定番の歴史像なのである[2]。

つまり、これまでロシアと日本の比較農業史の研究はないにもかかわらず、この山田の定式化があることで、日本の〝農業史像〟はロシア農業史の「相似形」と理解されてきた。これは果たして本当に正しい定式化なのだろうか。本書が一番問題にしたいのは、この問いに対する答えなのである。

しかも、これは一人筆者だけの課題ではないだろう。定番の日本史において「近代」の日ロ農業史が「相似形」とされているのであれば、それは日本の歴史を学び、教える人たちにとっても、無関心では済まされない問いだろう。しかし、おそらく多くの日本史研究者の中で、この問いに即答できる人は少ないのではないだろうか。日ロの農業史を比較した先行研究がないのだから。本書は、グローバル・ヒストリーの手法によって日ロの農業史を比較してみることで、この問いに対する答えを提示したいのである。

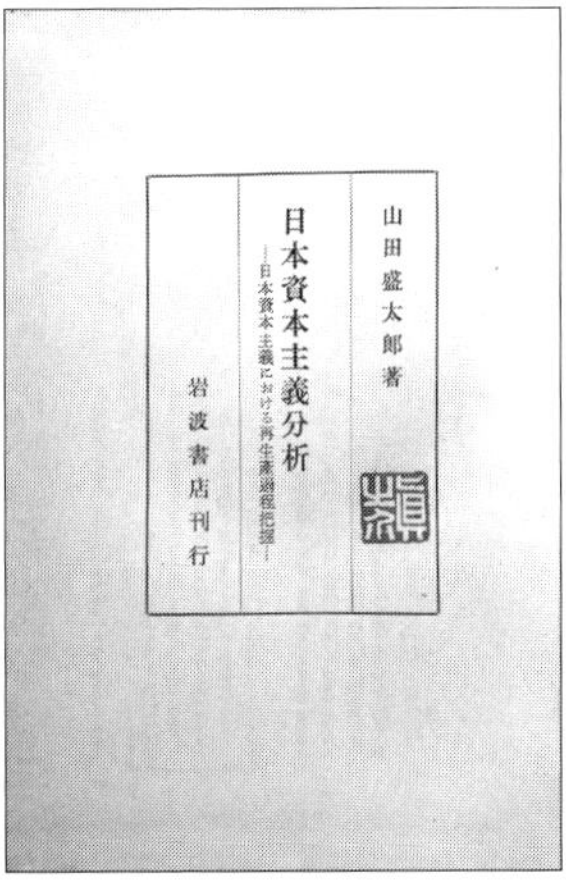

図１　『日本資本主義分析』。日本資本主義論争における「講座派」を代表する書物で，古典中の古典と言われ，「戦後歴史学」に絶大な影響を与えた。

徳富蘇峰、蘆花、佐藤尚武

そこで手始めに、明治期にロシアを訪れた日本人の紀行文を紹介してみよう[3]。まずは、一八九六（明治二九）年にトルストイ（次頁図2）を訪問した徳富蘇峰の紀行文である。

「余等は露国農夫の生活を見んことを望みたれば、少主人に請うて、門外の農家に導かれぬ。此の村落は、解放前は、ソル・フ（土地に附着する一種の奴隷）にして、解放後の今日とても、其の憐れなる有様、目も当てられぬぞかし。余等の見舞ひたる家は、此の裡に於いては、寧ろ立派なる部分に属したり由なれども、日本の農家にて、此れ程のきたなき家を見いだすには、中中骨の折る丶ことと思はれぬ。家は九尺二間にして、直角的に板間あり、これが寝床とは、扨も驚き入りたる次第ぞかし。板間の下には、馬鈴薯投げ入れあり、その側に温炉あり。此れは北支那の住家に似たり。その裏に牛溲馬勃堆々なるは、牛馬の住所とは知られける」（徳富蘇峰、一九六〇：四頁）。

「国民新聞、国民之友の主義目的を問ひむ。ヘンリー・ジョルジの土地国有論に対する意見を問ひぬ。余曰く我が日本は、三十年前の維新にて、封建諸侯悉くその封土を奉還したれば、今や国民の多数を挙げて、皆な概ね多少の土地を所有しつ丶あり。未だ土地国有の必要を見ずと」（同：五頁）。

このように蘇峰は、農奴解放後のロシア農夫の甚だしく貧しい姿と、それとは反対に、地租改正によって日本の多くの農家が土地所有者となったことの意味を語っていた。さらに蘇峰は、「封建時代に於ても、日本国民は、其の初級的地方自治を有したる」（同）と、江戸時代の村（ムラ）の自治的性格をトルストイに説いていた。

次は、十年後の一九〇六（明治三九）年に、やはりトルストイを訪問した蘇峰の弟の蘆花の紀行文である。

「露西亜の村落は大同小異にて、釈放（農奴解放：玉）後農民は多少の土地を得たるももとより十分なるにあらず。アンドレー君の話によれば、露西亜の大地主たるストローガーフ伯、ユースーポフ、ガリーツン侯爵などは各々一百三十余万町歩乃至一百〇四万町歩の地所を有すと云ふ。かかる貴族あり、寺院あり、皇室あり、農民問題の起るも怪しむに足らず」

（徳富蘆花、一九六〇：一九頁）。

図２　レフ・トルストイ（1822～1910）。19世紀後半のロシアにおけるナロードニキ運動に絶大な影響を与え，日本でも多数のトルストイアンが生まれた。代表作に『戦争と平和』。

蘆花は、版籍奉還で所領から切り

離された日本の大名と違って、ロシアでは農奴解放後も貴族が大土地所有者であることを問題として指摘していた。その規模百万町歩である。さすがにロシアはスケールが大きい。

それにしても、徳富蘇峰、蘆花の二人の訪問からも、明治期の知識人にトルストイが与えていた影響の大きさをうかがい知れる。一時代後の大正・昭和の青年がロシア経由でマルクス・レーニン主義の影響を受けたように。近代の日ロは今日では考えられないほど思想・精神面でつながっていたのだった。

最後は、外交官として一九〇六（明治三九）年から八年半の間、ペテルブルグに駐在した佐藤尚武の回顧文である。

「日本は維新の大革命の結果でもあろうが、とにかく社会の中堅を形作るものは貴族でもなければ富豪でもなく、また労働階級でもなくして、いわゆる中産階級なるものがどっしりと根をはやしていたのである。これは日本のはつらつたる発達を促進した原動力であり、また健全なる社会現象として慶賀すべきところであったに相違ない」（佐藤、二〇〇二：八三頁）。片やロシアにおいては、「社会に勢力を占むるものは、昔からの貴族であり、大地主であり、すなわち比較的少数の特権階級であって、それ以外はすぐ労働者、農民下級となって、数においては比較にならないほど多数を占めているが、彼らは国政にたいしてはもちろんのこと、一般社会的にも、なんらの権力を持たず、ことに農民階級のごときは、ようやく農奴の制度から解放されたばかりで、名のみ自由を持っていたが、その実、人格も人権も認められてはいなかったのである」（同：八四頁）。

佐藤も、やはり地租改正後の日本が比較的格差が小さな社会であるのと比べて、農奴解放後のロシア社会は少数の貴族、地主、富豪と圧倒的多数の農民の間に大きな格差があることを指摘していたのだった。

ロシアと日本の〝異質性〟

このように、山田盛太郎の定式化とは裏腹に、ロシアを訪問した三名は、農奴解放後のロシアと地租改正後の日本に横たわる甚だしい〝異質性〟を共に印象として語っていた。もちろん、これらは史料や統計数字に基づかない感覚的な印象を述べたもので、もとより歴史的考察の論拠、論証として使えるものではない。とはいえ、〝学問的先入観〟なく語ったものとしてある意味貴重である。その三者に共通する〝驚き〟は、地租改正後の日本に比較して農奴解放後のロシアにおける農民の惨めな地位、それと隔絶する貴族、大地主の存在という社会の巨大な格差であった。

もとよりロシアと日本では、地政学的環境がまるで違い、国の成り立ちも全く違う。ロマノフ朝（一六一三～一九一七）と徳川幕府（一六〇三～一八六七）を対比すれば、大陸国家vs島国国家、相次ぐ戦争による領土拡張vs鎖国による天下泰平、集権的ツァーリ（皇帝）体制vs分権を伴う幕藩体制、重商主義的開放経済vs重農主義的閉鎖経済、西欧化改革vs緊縮財政改革、粗放的三圃制農業vs集約的稲作農業、キリスト教正教会vs神仏融合、大学による官僚養成vs寺子屋による庶民教育等々。ロシアと日本はこのくらい違う。いったいこの両国に〝共通性〟などあるのだろうか。

そこで問題となるのが、「封建制」、「農奴制」、「近世」の三つの概念である。この内、「封建制」と「農奴制」は、かつてマルクス主義の発展段階論が優勢だった時代であれば、文句なく両国の〝共通性〟だった。しかし、マルクス主義や発展段階論の権威が失墜した今日では、この二つの概念の使用は少々難しい。例えば、保立道久『歴史学をみつめ直す』（保立、二〇〇四）は、その副題を「封建制概念の放棄」としている。また、宮嶋博史は、日本の中世や近世にヨーロッパの「封建制」の用語を用いること自体が「『脱亜』的日本史理解」（宮嶋、二〇〇六：一五頁）であるとして、日本史は東アジア史でなければならないと主張している。そこで本書では、「封建制」と「農奴制」の概念の検討は後回しにして、まずは「近世」という概念から両国の〝共通性〟を探ってみたい。

以下、第一章では、「近世化」という概念を手掛かりに、一六世紀から一七世紀にかけての日本とロシアを、イエズス会との対決という観点から分析し、両国の「主権国家」としての成立を探ってみる。第二章では、ロシアと日本の近世農業の特徴をそれぞれ析出して、最後にそれを「封建制」と「農奴制」の概念でまとめる。第三章では、ロシアの農奴解放と日本の地租改正を比較対照して、「小農範疇」の成立という山田盛太郎の基準で両国を評価してみる。最後に終章では、ソ連崩壊後のロシア農業、農地改革後の日本農業にまで視野を広げて、先に述べた「超連続説」という新しい〝農業史像〟を提起してみたい。

論述の流れから、日本が先になったり、ロシアが先になったり、順不同で、かつ引用文が多く長くなるが、ご容赦願いたい。

注

(1) ただし、河原地英武を代表者とする「日ロのアイデンティティの比較研究」という日ロ比較研究があり（『京都産業大学世界問題研究所紀要』三一号、二〇一六）、その中で、ロシア人研究者の一六世紀から今日までの日ロを比較した論文は、スケールの大きな鳥瞰的研究で参考となった（サルキソフ・パノフ、二〇一六）。日本人は細部を極める研究は得意とするが、こうした鳥瞰的な研究は苦手なのではないだろうか。また、中村隆英を研究代表者とする科研費国際学術研究「日本とロシアにおける工業化の比較経済史」（一九八九～一九九〇）があり、「研究概要」には、「相違点の最大のものは、ミール共同体による規制が厳しく、農奴制が強固に存続したロシアの農業と、家族の小農制が一般化していた日本との差であろう」という指摘があった。しかし、指摘だけで、その点が追究されているわけではなかった（https://kaken.nii.ac.jp/ja/report/KAKENHI-PROJECT-01044054/010440541990kenkyu_seika_hokoku_gaiyo/）。なお、補章で述べるように、この研究史レビューには中村（一九九二）という重要な文献の見落しがあった。

（2）このグランド・ヒストリー（日本近代史像）から作り上げられたのが、貪欲な地主の搾取に対する小作人の集団的な闘争という〝小作争議物語〟である。しかし、その実態は、ロシア革命の影響を受けて日本のレーニンたろうとした学生などのインテリ層が、農地貸借関係を階級関係に見立てて、借地の需給関係の変化で生じた小作料や小作条件などの民事問題をプロパガンダによって争議にしたのがその実態であり、むしろ、地域の「自生的秩序」を守るために身体を張ったのは「極悪非道」と攻撃された地主の方であった。その真実の姿を解明したものとして、拙著『新潟県木崎村小作争議・百年目の真実』（北方新社、二〇二三）がある。

（3）この三人の紀行文や回顧を最初に紹介したのは、菊地昌典（一九七二）であった。

第一章　日本とロシアの「近世化」

この章では、「近世」という時代区分が「主権国家」の成立というグローバルなものであることを確認した上で、日本における「近世化」が信長と石山本願寺との闘いではじまり、徳川家光のキリスト教禁教令と鎖国で完成することを述べる。続いて、ロシアにおける「近世化」は、モスクワ公国によるキリスト教正教会と一体の領土拡大にはじまり、「動乱の時代」後のニコンの教会改革を経てヨーロッパ国際秩序の一員となるところで完成することを述べる。そして、両国ともにイエズス会という対抗宗教改革との抗争の中で、グローバルな世界に「主権国家」を成立させたところに、〝共通性〟があると結論する。

第一節　「近世」という時代区分

日本では、織田信長が政権を掌握してから江戸幕府倒壊＝明治維新に至るまでの三〇〇年間を、「近世」と時代区分するのが一般的な歴史認識となっている。ただし、それは日本史独自の時代区分であると、朝尾直弘は述べていた。すなわち、「近代歴史学を生み出したヨーロッパにおいては、古代・中世・近代の三分法が一般的であって、『近世』という区分はない」（朝尾、一九九一：九頁）と。

ところが、朝尾がこう書いた後の一九九〇年代に隆盛するグローバル・ヒストリーでは、「『近世』 early modern period という時代区分が当然の前提」（永井、二〇一六：七六頁）とされ、しかも、「それが特定の地域に限られない世界史的な時代区分として使われている」（同：七七頁）。その背景には、「世界史」における「ヨーロッパ中心主義批判」があると永井和は述べている（同）。

こうした一九九〇年代以降の歴史学の進展もあり、一九九九年刊行の『岩波講座 世界歴史』第一六巻の巻頭には、一六～一八世紀ヨーロッパ史を対象とした「近世ヨーロッパ」（近藤、一九九九）という章が置かれていた。その章で近藤和彦は、「近世三〇〇年の政治社会において、つねに領域的主権の確立にむかう凝集の動きと、汎ヨーロッパ的な経済・文化の展開が並行していた」（同：六頁）として、この三世紀に「支配的な傾向」からこの巻のタイトルを「主権国家と啓蒙」にしたと述べていた。

さらに近藤は、ヨーロッパにおける「近世」のはじまりは、「ルネッサンスか宗教改革か」と問い、どちらかと言えばルネッサンスに軍配を上げている。しかし、両者はコインの表裏の関係だろう。「ヨーロッパ近世」前半が「主権国家」確立に向けた個別的な世俗権力による普遍的な宗教権威・権力への闘いを基調とするものであるならば、宗教改革はその「表面」の始まりであり、ルネッサンスに始まる「啓蒙」は、宗教的世界観に代わる人間中心の世界観を導く「裏面」だからである。

その意味でも、ヨーロッパ全体を巻き込み、最後の宗教戦争と言われた三十年戦争（一六一八～一六四八）と、その帰結としてのウェストファリア条約が重要である。この「ウェストファリア体制」こそが、ヨーロッパにおける大小様々の「主権国家」の成立と「その後一五〇年間の国際秩序の骨格」であり、「『一つなるキリスト教共同体』にかわって、より世俗化された『ヨーロッパ』」の誕生を意味するものだからである（高澤、一九九七：八〇頁、図３）。

ただし、それもグローバルに見れば、未だ一七世紀のユーラシア大陸の西端の、生産力や人口、文物において東洋に遙かに劣るヨーロッパ世界の話だった。事実、この頃「ヨーロッパ人は新大陸の金・銀をもってインドや中国に香辛料などの商品作物や綿織物、絹、茶、陶磁器などの工業製品を買いに来るだけであって、その見返りにアジアに輸出できる商品を何も生産できなかった」（永井、二〇〇七：五一九―五二〇頁）[1]。

図３　『主権国家体制の成立』。高澤紀恵著，山川出版社。

それが二世紀後の一九世紀になると、「最も文明化されたヨーロッパという排他的概念」に基づいて、「ヨーロッパの『文明国基準』を満たさなければ」、「領土分割、不平等条約、侵略、開港、その他の押し付け行為が行われる」（岡垣、二〇〇三：二一頁）時代、すなわち、「近代」の「主権国家システム」が世界を席巻する。それはまた、産業革命と海軍力に基づくパックス・ブリタニカの時代でもあった（玉、二〇二一a：二一―三頁）。ロシアの農奴解放と日本の地租改正は、共にこのパックス・ブリタニカ世界への適応であった。

その話は、第三章へ譲って、以下では「主権国家体制の成立」という「ヨーロッパ近世」を踏まえて、ロシアと日本の「近世化」を見てみよう。まずは、日本から。

第二節　日本の「近世化」

信長と本願寺

マルティン・ルターが一五一七年に開始した宗教改革の波動は、カトリック教会内の改革刷新運動と言える対抗宗教改革の中心人物、イエズス会のフランシスコ・ザビエルが一五四九年に鹿児島に上陸することによって、遠くユーラシア大陸東端の日本にまで及ぶに至った。「古代以来、東アジアがほぼ世界のすべてであった一六世紀半ばの日本にとって、ヨーロッパとの出会いは、従来の世界観を根底からくつがえす出来事だった」。「日本はヨーロッパとの出会いを経験し世界のなかに位置づけられたのであり、けっしてそれ以前に戻ることはありえず、まったく異なった時代に入ったと評価することができる」（杉森、二〇一六：一二頁）のである。

実際、このイエズス会の布教活動の影響を最も強く受けた一人が、ほかでもない天下人の織田信長だった。信長は、足利義昭を奉じて入京した一五六八年から本能寺で死去する一五八二年までの一四年間に、少なくても三一回もバテレンと言われた宣教師たちと接見していた（清水、二〇一五：一一九頁）。しかも、その多くの場合、はるばる日本まで来た彼らの精神や勇気を褒め、反対に仏教僧を腐していた。一五七八年七月のジョアン・フランコの書状によれば、信長は「キリスト教や司祭らの清浄さに比べ日本の仏僧は悪しき欺瞞と偽善の輩であり、人びとを欺くことのみを職としており、予は彼らを悉く殲滅したいが、多くの国々に大きな動乱をきたすことを憐れむので許してやっているのだと言った」（同：一二五頁）という。この明らかな〝強がり〟に、反信長戦線の中軸となった本願寺勢力との苦戦に苛立つ信長の心情が読み取れる。

「天下布武」を目指した信長にとって、本願寺を頂点とする宗教権威・権力との闘いは、避けて通れないものだった。だから一五六八年の入京に際しても、石山本願寺に五千貫の「矢銭」（軍資金）という難題を課し（武田、二〇一一：一八頁）、二年後の一五七〇年からはいよいよその後十年続く本願寺との合戦を開始するのである。その前年に、信長は宣教師のルイス・フロイスと会い、諸々の宗教的・世俗的諸権力の上に立つ〝創造主〟の話を興味深く聞き、畿内での布教を許していた。一五七一年には比叡山を焼き討ちにし、一五七八年の一向一揆の鎮圧に際しては、門徒を磔や釜茹でなどの残虐な方法で悉く虐殺している[2]。そこに、諸大名などの世俗権力はもちろんのこと、宗教権威・権力を従えることが「天下布武」にとって不可欠と考える信長の並々ならぬ意思が見て取れる。

本願寺を頂点に民衆の心深く浸透した仏教勢力との戦いに、ヨーロッパからもたらされたキリスト教の宗教観や地球儀に基づく地球的世界観が大きな力になったことは間違いない（清水、二〇一五：一二三頁）。清水有子（二〇一五）は、信長がこの地球的世界観を持つことで、それまでの東アジアの中国を中心とする華夷秩序が相対化され、信長に対外侵略の意欲を生じさせ、それが秀吉に引き継がれて、朝鮮出兵へとつながったと論じている。同様に、信長は室町幕府もあっさり終わらせ、朝廷の官位も辞して、以後、自らの神格化を目指し、天皇の権威すら下に見ていたのだった（朝尾、二〇〇四：二〇三―二〇九頁）。

こうして宗教改革に端を発したイエズス会の布教活動というヨーロッパとの出会いが、日本の「近世化」に計り知れない影響を及ぼしたのである[3]。

秀吉によるバテレン追放

信長の政策を引き継いでキリスト教を保護していた秀吉は、一五八七年に突如、日本は神国であるとしてバテレン追放令を出して禁教へ転じた。秀吉が追放令を出した理由については、「イエズス会がキリシタン大名から長崎の寄進をうけて要塞化を進めたこと、イエズス会の宣教師たちが軍船を所有していたこと、スペイン人やポルトガル人たちが日本人を奴隷として東南アジアやインドに売買していたこと、ポルトガルやスペイン勢力が日本を征服しようとしているという情報など、さまざまな要素が相乗した結果」（平川、二〇一八：四頁、図4）と言われている。同時に、一向宗が百姓など民衆の間にとどまって上層社会には受け入れられなかったのに対し、キリスト教は高度な知識をもって大名にまで信者を拡大していることを、秀吉が驚異と感じていたことも間違いないだろう（武田、二〇一一：一〇四頁）。

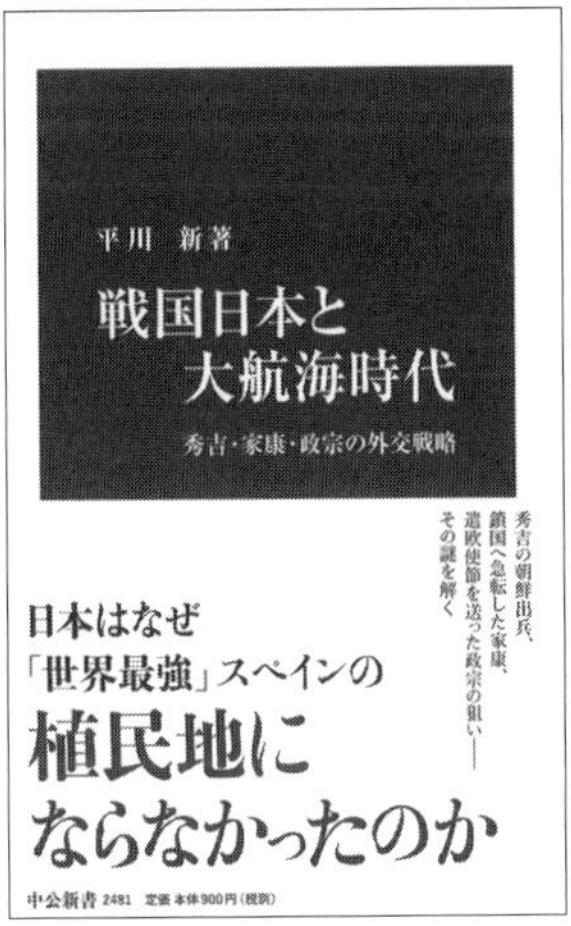

図4　『戦国日本と大航海時代』。平川新著，中公新書。

　とはいえ、秀吉のバテレン追放令を「無視した大名たちも少なからずいた」

（平川、二〇一八：二四七頁）。つまり、「秀吉が統一権力を確立した段階でも外交権の一元的掌握ができていなかった」（同：二四八頁）のである。その一方で秀吉は、信長と違って、本願寺とは入魂の関係を作った。といっても、信長への恭順・抗戦をめぐって親子二派に分裂し、抗戦派も最終的に和睦に応じた本願寺は、すでに牙を抜かれたも同然だった。だから、秀吉の賤ヶ岳合戦にも協力するなどして、むしろ本願寺の方から天下人の秀吉にすり寄っていた（武田、二〇一一：八七頁）。その結果、宗主をめぐる内部対立に秀吉が介入し、「宗門という聖域に世俗権力の介在を許した」（同：一二四頁）のみならず、後の家康による東本願寺独立と本願寺勢力の分断につながるのである(4)。

秀吉のバテレン追放令を引き継ぎ、実質化したのは家康だった。秀吉同様、スペインに日本植民地化の野望を感じ取った家康は、一六〇二年、フィリピン総督宛に布教禁止を通知した（平川、二〇一八：一二五頁）。ただし、フィリピンやメキシコとの貿易、特に鉱山技術を欲していた家康は、伊達政宗の慶長遣欧使節を容認した（同：一七〇頁）。これはある意味、戦国大名と幕府の二元外交だった（同：一三七頁）。

その一方で、スペインの側は、秀吉の朝鮮出兵によって日本認識を改め、武力での日本の征服を諦めただけでなく、逆にマニラを日本に征服されるかもしれないと恐れるようになった

（同：一三七頁）。こうしてスペインは、宣教師派遣と布教を日本侵攻の主たる戦略に位置づけ、貿易はその交渉手段に使っていたのだった（同：一三八―一三九頁）。

このスペインやポルトガル、そしてイエズス会の態度に、「布教＝侵略」の意図を見抜いた家康は、一六一二年に「わが邦は神国なり」として布教禁止、キリスト教排除の姿勢を明確にした[5]。一六二四年にはスペインに対して来航禁止を行って断交した。徳川政権にそれが出来たのは、当時の日本が「世界屈指の軍事大国」（同：二六四頁）だったからである。スペインでは、日本を「帝国」、家康を「皇帝」と呼んでいたのだった（同）。

「鎖国」の意味

こうした「近世化」の総仕上げが、島原の乱と徳川家光による「鎖国」である。一六三七年に始まる島原の乱に対し、家光は多数の「上使」を遣わし、その下で「一揆勢は文字通り皆殺しで、主な戦闘が終わった後に、女や子供にいたる生き残った無抵抗な者の殺戮が行われた」（山本、二〇一七：一〇六頁）。そして、この乱鎮圧後の一六三八年に出された禁教令は、幕府と藩を包括する全国政策として「藩法史の上で画期」をなすものとなる。

それ以降「幕府の全国政権化が名実ともに進展していくのである」（同：一一二頁）。一六三九年にはポルトガル船の来港も禁止し、徳川幕府はカトリック国との関係を完全に清算した。また、平戸のオランダ商館を出島に移し、オランダと中国の貿易を長崎に一元化した。「鎖国」である。それは江戸幕府による外交・貿易の一元的掌握の完成でもあった。

一六四九年のウェストファリア条約で成立するヨーロッパの主権国家とは暴力を国家が独占し、かつ「国家の上位にあると考えられてきた教皇や皇帝の普遍的支配権はきっぱりと否定」(高澤、一九九七：七七頁)して、国家を「至高の」独立した存在として他の国家と対峙するものだった。その意味で「鎖国」は、徳川幕府が独立国家として諸外国と対峙する姿勢の表明であり、日本が主権国家として世界にその存在を明確に示したものと評することができるだろう(6)。

第三節　ロシアの「近世化」

正教会とモスクワ大公国

イエズス会に代表される対抗宗教改革の波動は、東アジアにだけ向かったのではない。一六～一七世紀にロシアにも押し寄せていた。ただしその前に、そこに至るまでのロシア国内における宗教権威・権力と世俗権力との関係が踏まえられねばならない。その際、周知のようにロシアにおける宗教権威・権力は、キリスト教正教会であった。それは、ギリシャ正教や東方正教会などと言われたりもするが、本書では、正教会と呼ぶことにする。

キリスト教会は一〇五四年の大シスマで東西に分裂した。その際、西側のローマ教皇権力が「カノッサの屈辱[7]」に象徴されるように世俗権力に優位する強力なものだったのに比して、コンスタンティノープルを帝都に成立したビザンツ帝国（東ローマ帝国）の国教となった正教会は、皇帝が総主教の任免権を持つなど、世俗権力と宗教権威・権力が補完し棲み分けるビザンツ・ハーモニーを特徴としていた（高橋、一九八〇：八七―九一頁）。

正教会は、現在のウクライナ、ベラルーシ、ロシアに及ぶスラブ民族地域を支配したキエフ大公国（キエフ・ルーシとも言う）が十世紀から一一世紀にビザンツ帝国と結んでキリスト教を国教とした頃から、この地で優勢となった。さらに、正教会とスラブ民族との一体性を深めたのが、一二四〇年から一四八〇年までの二四〇年に及ぶモンゴル帝国の支配、いわゆる「タタールのくびき」である。

この時代のロシアはいくつもの公国が分立・対立して、それぞれがモンゴルのキプチャク・ハン国に服属し、重税を課されていた。ただし、モンゴルは宗教には寛容で、聖職者や教会財産は課税を免れたことから正教会はむしろ発展し、荒野修道院運動という開拓運動を通じてロシアの地に根を張っていった（三浦、二〇〇三：一五〇―一五二頁）。

「こうした修道院の増加は、『タタールのくびき』にあえぐロシア人の精神的解放への渇望によるところが大きかった」と言われ、「それまで都市とその周辺に集中しがちであったキリスト教が、まさにこの時期はじめて本格的に農村へも普及していくこととなった」（田中ほか編、一九九五：一九五―一九六頁）のだった。

この頃、モンゴルのみならず、オスマン帝国がビザンツ帝国を脅かす中で、正教会の「キエフおよび全ルーシの府主教座」は一三二九年にモスクワに移転し、そこからモスクワ大公国の強大化がはじまる。それを推進したのは、幼いドミートリイ公の摂政となった府主教アレクシイだった（御子柴、二〇〇三：七三頁、次頁図5）。

府主教アレクシイが宗教権威を最大限に利用して諸公国を併合して統一国家の実現を目指したのは、現在のウクライナ、ベラルーシの大半を領土とするまで強大化した西隣のリトアニアに対抗するためだった。同じく正教会を国教としたリトアニアは、聖都キエフの獲得を期に、「キエフおよび全ルーシの府主教座」をモスクワから奪還しようとしたからである。しかし、一三八六年になると、リトアニア公はポーランド女王との結婚を期してカトリックに改宗し、ポーランド・リトアニア共和国となって、モスクワ大公国に対し軍事的にも宗教的にもいっそう強く対抗することになったのである（同：七四頁）。

時代は下って一四五三年に、千年続いたビザンツ帝国が滅亡し、その九年後にモスクワ大公に即位したイヴァンⅢ世は、最後のビザンツ皇帝の姪を後妻に迎え、ビザンツ帝国の「双頭の鷲」の紋章をモスクワ公国の紋章として、「全ルーシのツァーリ（皇帝）」と称し（同：九一頁）、一四八〇年には「タタールのくびき」から遂に脱した。

その頃から、真正のキリスト教王国はビザンツからモスクワへ移ったという「第三ローマ＝モスクワ」という思想が芽生えることとなった（同）。リトアニア・ポーランドと対抗しつつ専制国家体制を強化して領土を拡大したモスクワ大公国は、一五四七年にイヴァンⅣ世（雷帝）が「ツァーリ（皇帝）」として戴冠、「ロシア帝国」を名乗るようになる。それは、専制的な統一国家の成立という意味で、ロシアの「近世化」であったが、他方で、今はなきビザンツ帝国を継承した世俗権力と宗教権威・権力を合わせ持つ「中世」帝国の再興とも見えるものだった。

図５　『ロシア宗教思想史』。御子柴道夫著，成文社。

「動乱の時代」とイエズス会

このイヴァン雷帝は、東方における領土拡大に成功したものの、西側のリトアニア・ポーランドやスウェーデン、デンマーク、南側のクリミア・ハン国などとの戦争による荒廃と飢餓、疫病などの混乱の中で没し、ツァーリを継承した病弱のフョードルI世も一五九八年に没して、七〇〇年続いたリューリク朝は途絶えた。それから一六一三年にミハエル・ロマノフが即位するまでのロシアは「動乱の時代」と言われ、まさにこの期間にイエズス会に代表されるローマ・カトリックの対抗宗教改革がロシアを脅かしたのだった。

その以前から、ローマ教皇「グレゴリオ一三世の大使団派遣(団長イエズス会士ルードリッヒ・クレンヘン)に示されるように、モスクワ国家をカトリックに改宗させようとのローマ教皇庁の野心が雷帝時代以降ひときわ露骨になった」(御子柴、二〇〇三:一一五頁)。そのため、正教会の中にもカトリックとの合同を唱える運動が生まれるが、それこそまさしく「ポーランドのカトリック教会なかんずくイエズス会の意向が強く働いた運動」(同)だった。

この運動の中心にいたポーランド人のイエズス会士ピョートル・スカルガは、「俗権と教権さらに国家と宗教という本質的な問題を、教皇を聖俗両世界の至上権力として聳立させんと志」(同:一一七頁)し、ロシア正教会の聖職者を「無知蒙昧、奴隷根性、野蛮」(同)などと評して、スラブ人やスラブ語までも見下した文明論的な批判を加えたのだった。

しかも、「動乱の時代」のロシアは、偽ドミートリイを担いだポーランド貴族のモスクワ侵攻や、ポーランド国王軍のモスクワ占領などによって、軍事的のみならず、文明的ヨーロッパを体現するカトリックによる宗教的、思想的支配を受け、それが正教会防衛のための「国民軍」の呼びかけに発展して、ようやく一六一二年にモスクワは解放された。

ただし、この動乱は「負の影響ばかりではなく、後世のナポレオン戦争同様に、この闘いによってロシアがヨーロッパの文明を肌身で知ったという側面も無視できまい」（同：一一二頁）と御子柴道夫は指摘する。すなわち、このカトリック・ポーランドとの闘いを通して、それまで曖昧で不分明だった「ロシアとヨーロッパ、信仰と理性、宗教と国家」といった思想上のアンチノミー（二律背反）が「文明」としての「進歩」思想とともに、ヨーロッパの〝辺境〟のロシア人に強く意識される時代が始まったのである（同：一一一頁）。

それを基盤として、初期ロマノフ（ミハイル、アレクセイ、フョードルⅢ世）の時代にロシアの「近世化」も完成期を迎える。正教会のモスクワ府主教座は、一六世紀末に総主教座へ昇格し、その総主教に一六一九年に就任したフィラレートは、ポーランド抑留から帰国したミハイル帝の父フョードル・ロマノフ（出家してフィラレートを名乗る）だった。彼は「大いなる君主」の称号を得て、「動乱の時代」後のロシア国家の再建に取り組むことになるが、それは「内政の充実から国際関係の整序の問題まで、広い範囲にわたったが、どちらの領域においても信仰の問題は重要な要素をなした」（吉田、二〇〇〇：一七頁）のである。

つまり、そこでは「ロシア・ナショナリズムのアイデンティティの核心として、正教の純潔性がとくに強調された」のは当然だった。「とはいえ、西方との国交を閉じることは、もちろん不可能であった」（同：一八頁）。したがって、そこには主権国家の確立にむかう凝集の動きと、西方ヨーロッパとの関係構築というアンチノミーが依然として残されたのだった。

ニコン教会改革の意味

このアンチノミーがアレクセイ帝（一六四五〜一六七六）の時代に行き着いたのが、モスクワ総主教ニコンによる教会改革とその帰結だった。このニコンの改革とは、洗礼方法や十字の切り方、ハレルヤの回数といった儀式のギリシャ化であったが、それによって非合法化された古儀式派は地下水脈となって二〇世紀のロシア革命に影響するほど、この改革がロシア社会にもたらした影響は大きなものだった（下斗米、二〇一七：三〇—三五頁）。

それというのも、この一見、些事に見える「ニコンと反対派の対立は、国際路線と民族路線の対立とみなすこともできよう」（田中ほか編、一九九五：四二八頁）と言われるように、ヨーロッパに対するロシア人の深層意識に潜むアンビバレントな感情を土壌としていたからである。

重要なことは、この「改革は宮廷で決定され、創案された」ものであり、「ニコン事件はむしろ『帝国の攻勢』」（吉田、二〇〇〇：一六頁）だったことである。それゆえに、「アレクセイとその宮廷が決断し、創案した『教会改革』は、少なくとも『教権が帝権に完全に従属していたギリシャ＝ビザンツの経験』を取り入れるといった、中世的な観念に導かれたものではない。彼らが企図した『ギリシャ化』の意味は、当時世論化していた『モスクワ＝第三ローマ説』を否定して、文化的な『開国』の地均しをすること」（二四頁）だった。

この改革を分析した吉田俊則は、「国家の観点からみた教会改革は、このような意味での政治的リアリズムの所産」（同）であり、ロシアが主権国家として「ヨーロッパ国際社会の一員となるために」（同）選択されたものだったと結論している。ユーラシア大陸東端の日本が選択した「鎖国」は、ヨーロッパと地続きのロシアには選択不可能だった。「近世」ロシアは、後のピョートル大帝（一六八九〜一七二五）の諸改革に見られるように、西ヨーロッパの制度や文化を積極的に取り入れることで、後には大英帝国と地球規模でグレート・ゲームを繰り広げる大国への道を歩んでいくのである。

こうして、「鎖国」と「開国」という正反対の帰結となったが、ヨーロッパの地で始まった宗教改革の波動はヨーロッパの「近世化」とほぼ同時進行で、日本とロシアにも主権国家の確立という「近世化」をもたらしたと言えるだろう。こうして、一六世紀から一七世紀をグローバルに見ることで、日ロ両国には「近世化」という〝共通性〟が辛うじて見いだされるのである。

そこで次の第二章では、一九世紀の農奴解放と地租改正の前提となるロシアと日本の近世農業を対比してみようと思う。面白いことに、両国はほぼ同じ頃に全国的な人口調査を行っていた。すなわち、ロシアではピョートル大帝が一七一九年～一七二七年に全国的な人口調査を行い、日本では徳川吉宗が一七二一年に全国の諸領に布達して人口調査を行っていた。両国の「近世」の確立後に行われた人口調査は、いったい何を目的としたものだったのだろうか。

注

（1）この頃の「中国では一六世紀から一八世紀にかけて大量の銀が流入し、世界第一の経済大国といってよい状態にあった」。「このアジア優位の関係が変化するのは、インドでは一八世紀後半、中国では一九世紀前半になってからである」（永井、二〇〇七：五二〇頁）。

(2) ただし、それは武威を天下に示す〝見せしめ〟としての「民衆へ向けられた政治的アピール」と見ることもでき、「一向宗寺院・門徒は本願寺に協力せず、信長に従うかぎり弾圧されることはなかった」(堀、二〇一六：二一〇頁) ことも、もう一面の事実である。

(3) 日本の「近世化」をめぐっては、「『近世化』を考える」を特集した『歴史学研究』八二一号、八二二号 (二〇〇六) をはじめとして、「ヨーロッパ史」と「東アジア史」を対立的に捉える喧しい議論がなされている。それに関連する代表的なものとして、宮嶋 (二〇〇六)、保立 (二〇〇七)、岸本 (二〇一一)、清水編 (二〇一五) などがある。本書は、日本の近世史を専門とするわけでもないので、東アジア史にまで立ち入ることはできないし、「近世化」についても極々シンプルに「主権国家の成立」と捉えている。ただし、それは、岸本美緒が言うところの①民族・宗教と国家統合の問題、②市場経済と財政の問題、③王権と中間団体の問題をも視野に入れての意味においてである (岸本、二〇一五：五九頁)。

(4) 秀吉の命により本願寺宗主は教如から弟の准如に譲られたが、関ヶ原を制した家康は准如と秀吉の縁を踏まえ、閉居していた教如に寺地を与え、後に東本願寺としての独立に協力して、本願寺の勢力を東西に分立させたのである (武田、二〇一一：第五章)。

(5) 家康が「追放令」で示した神国観について高木 (一九九二) は、それが「武威による秩序を、神仏による国土生成以来の習俗に支えられたものと錯覚させるイデオロギーとして機能していた」(同：二二三頁) と論じている。

(6) 日本のコインの「裏」面としての「啓蒙」についてここで論じることはできないが、三ツ松 (二〇一五) も指摘しているように、朱子学と尾藤 (一九九二) の議論が重要である。特に尾藤 (一九九九二）が提起した「家」を単位とした国民的宗教の成立に注目すべきだろう。

（7）一〇七七年、ドイツ皇帝ハインリヒ四世が聖職叙任権をめぐって教皇グレゴリウス七世と争って破門され、教皇が滞在した北イタリアのカノッサ城の前に三昼夜立ちつくして許された事件。

第二章　ロシアと日本の近世農業

この章では、ロシアと日本の近世農業を比較する。ロシアの近世農民は人頭税を課され、兵役義務があり、農奴制が強化されて農奴は奴隷のように売買された。片や日本の近世の百姓は、年貢高も検見により生存が配慮され（百姓成立）、幕府の出役（国役）にも給付があったなど、両国でまるで違っていたことを述べる。領主直営地の有無も両国の大きな違いだったが、ただ一つ極めて似通ったものとして、農民の生産と生活を強く規制する農村共同体のミールとムラがあった。その対比を行った上で、最後に、「封建制」と「農奴制」という二つの概念で、両国の近世農業の違いをまとめる。

第一節　ロシア：強化されていく農奴制

人頭税と兵役義務

ピョートル政府による最初の人口調査は、スウェーデンとの大北方戦争（一七〇〇〜一七二一）が終息しつつある一七一九年に開始された。それは、戦後も「戦時と変わらない軍事力を維持するためには統一的で安定した、新しい租税体系が不可欠であった」（土肥、一九九二：一一三頁）からだった。それゆえ、この人口調査は人頭税導入と直結しており、調査対象も男子のみだった。調査後は、申告された男子（乳飲み子から年老いた老人、身障者まですべて）に対して、毎年七四コペイカの人頭税が義務づけられた（土肥、一九八九：六―七頁、次頁図6）。最初は農民だけが対象だったが、翌年には領主の館に住む家内奴隷ホロープも対象とされた。これは、領主が農奴をホロープとして税逃れするのを防ぐためだった（同：五頁）。

これは言わば国税で、「その他に農民は自分たちの直接の領主にこれまで通り賦役を行ない、

図６　『「死せる魂」の社会史：近世ロシア農民の世界』。土肥恒之著，日本エディタースクール出版部。カバー絵はイリヤー・レーピン画「ヴォルガの舟ひき」。

諸貢租を納めねばならなかった」（土肥、一九九二：一一六頁）。一方、「直接の主人をもたない国有地農民、そして商工地区民は人頭税に四十コペイカを上乗せして国に納めなければならなかった」（同）。

この金額は、額面以上の重みを持った。なぜなら、乳幼児や老人などの支払い能力のない者の分はもちろん、次の人口調査（第二回目は二〇年後）までに逃亡したり、死亡したりした者の人頭税も肩代わりして支払わねばならなかったからである。おおよそ「課税人口に対して実際の働き手は三分の一しかいなかった」（同：一二三頁）。さらに、「人頭税が軍隊にとって決定的な意味をもった」ことから、「事実上人頭税の徴収人」は兵士で、彼らは「タタールの徴税吏」のごとくふるまった（同：一二四頁）。

この人頭税だけでなく、ロシアの農民には日本「近世」にはない兵役義務があった。一七〇五年、大北方戦争を戦うピョートル政府の下で、「他の西欧諸国に先駆けて徴兵制が導入された」（同：九七頁）。それまで徴兵対象でなかった農民を含め、あらゆる担税民は二〇世帯に一人の兵士を出さねばならなくなった（同）。「また兵士を出した町村（共同体）の残りの世帯は当面の食糧、衣類、そして一ルーブリの貨幣を彼のために納入すること」（同）が義務づけられた。「兵役は、ロシアの農民が最も忌み嫌った国家的義務であった」（土肥、一九八九：八九頁）。そのため、「徴兵作業の遅延やそれの違反については領主は所領没収、領地管理人・村長・農民は死刑、という威嚇にも拘わらず、兵役忌避の動きはやまなかった」（土肥、一九九二：九八頁）。徴兵には領主も責任を負っていたのである。

その選出方法は村（ミール）に委ねられ、「①大家族のなかからクジによる選出。②順番制による選出。③チャグロ負担の少ない農民の選出。④『罪を犯した』、あるいは外部で『購入された』農民の選出」（土肥、一九八九：九〇―九一頁）などの方法がとられたが、しだいに③④が支配的になった。チャグロとは貢租負担の単位なので、③は下層農民を意味した。また、後述のようにロシアで農奴は売買の対象だった。

こうして毎年、約二万人が徴兵されたが、「徴兵された兵士のほとんどが農民であったことは否定できない。こうしてロシアは西洋で唯一、その軍隊のほとんど大部分を一般の住民から強制的に徴兵した国となった」（土肥、一九九二：九九頁）。この常備軍こそ、ロシアがユーラシア大陸に広大な領土を獲得できた基盤だった。

強化される農奴制

このように主権国家として「近代的」にも見える近世ロシアにおける正反対の側面が農奴制だった。ロシアにおける農奴制の起源は、逃亡農民の捜索を無期限とした一六四九年の「会議法典」と言われる。一八六一年の農奴解放令で廃止されたのも、この法の規定だった(土肥、一九八九:九五頁)。

中世ロシアの農民は、領主と決済を済ませ、一定の「居住料」を支払えば新しい土地(領主)へ移る「移転の権利」を持っていた。一四九七年のイヴァンⅢ世の法令集では移転の期間が「秋のユーリの日の前後二週間」と制限され、一五五五年のイヴァンⅣ世の法令集では「居住料」の引き上げがなされたが、「ともに『移転の権利』そのものは否定されていない」(同:九六頁)。

この「移転の権利」が破棄されたのが一六世紀末で、逃亡した農民は告訴に基づいて送還される法令が出され、ついに一六四九年に逃亡農民は、「土地台帳と調査簿に基づいて永久に捜査・送還の対象とされた。ここに農奴制、すなわち土地とその領主への農民緊縛が法的に確立されたのである」（同：九七頁）。ただこれは、領主の農奴に対する「人格的支配への第一歩」（同）に過ぎなかった。

法典には、逃亡農民を隠匿・採用した領主には「居住料」、すなわち罰金を課す規定もあった。それでも逃亡農民は大量に発生した。その中で、逃亡農民を採用した領主が、他の農民を代わりに譲渡することや、逃亡農民を告訴する権利を売買する領主も現れた（同：九八頁）。中小領主は告訴や裁判に訴えるより、その方が手っ取り早かった。その結果、債務や借金の抵当として土地から農民を切り離して譲渡する領主も現れ、さらには所領の売買において土地と農奴を切り離す慣行まで広がった（同：九九頁）。

一八世紀に入ると、土地とは別に農奴だけが売買の対象となり、政府高官や富裕な商工業者が好んで購入するようになった。というのも、ピョートル大帝は、商工業者がマニュファクチュアの労働者を確保する目的で農奴を購入する権利を与え、一七三六年には、その労働者を永久に工場に緊縛することも法令で認められたのである（松村、一九五五：四頁）。

他方で、貴族層はこの頃より借金を累積させ、その救済のために政府が一七五四年に設立した低利融資の貴族銀行においては、農奴が抵当とされた。農奴の売買は法令の禁止にも拘わらず、家族や子供と切り離して、バザールで斡旋人によって売買された。各地から集められた娘たちは、領主の館の下女として買われた（土肥、一九八九：一〇四頁）。

モスクワの新聞には、「農奴」売却の広告が掲載された。「近世」のロシア農民は、「奴隷のように売買された」（同：一〇七頁）のだった。それなので、「ロシアにおける農奴制は、ある程度、奴隷制に固有の特徴を備えていた」（サルキソフ・パノフ、二〇一六：五一頁）と言われるのである。

村（ミール）と土地割替制

政府による徴税や徴兵の末端業務を担い、同時に農民の生産と生活の支えでもあったのが村（ミール）だった。農民が「ミール」と呼ぶそれは、「世界」（及び「平和」）を意味した（土肥、一九八九：一二七頁）。村（ミール）の規模は大小様々だったが、一八世紀には四〇～五〇世帯をモードに分布していた。それは、村で教会と司祭家族を維持するのに少なくとも四〇世帯が必要だったからである（同：一二六頁）。「この時代にはキリスト教信仰は村々にしっかりと根をおろしていた。言いかえると、人は教会儀式抜きにしては生まれることも死ぬこともできなかった」（同：一二二頁）。

その「村は共同体として農民生活のすべてを『支配』していた」（同：一二七頁）。村での決め事は原則として各世帯の家長（男）が出席する集会で決められた。主要な議題は、「①村役人の選出。②領主及び国家への諸貢租・租税の納付並びにそれと関連する土地利用の問題。③徴兵。④道路の普請、軍隊への宿舎提供、等の国家への諸義務。⑤財産や家族にかんする個人的な不平、訴え、要求あるいは出稼ぎ。⑥軽微な紛争の解決、ミールの『慈悲』。⑦教会、その他」（同：二八頁）であった。①の村役人の選出には領主の意思がつよく働いていたし、「『富農によるミール支配』は、どの村でも多かれ少なかれ現実であった」（同：三〇頁）。

村（ミール）にとって最も重要な事項は②の中の、特に人頭税の支払いだった。なぜなら、「その納付はミール（のちに領主も）が連帯責任を負わされた」（同）からである。③の徴兵のための「人選も村の集会での重要な審議事項であった」（同：三一頁）。

このピョートル大帝の治政下で顕著となる農民収奪の著しい強化こそが、一九世紀にナロードニキや西欧思想家の間で関心の的となったロシアの「土地割替慣行」の出発点であると鳥山成人は述べている（鳥山、一九八五：一六三頁）。というのも、この慣行を示す史料は一六世紀に遡るといえ、その事例が増えてくるのは一七世紀末からであり、その後ほぼ一八世紀半ばまでに貴族所領と教会領（修道院領と主教領）で一般化し、一八世紀末には国有地に普及し、シベリアの国有地への普及はさらに遅れて一九世紀後半になるからである（同：一五五頁）。

つまり、この慣行は「近世後半」の「農奴制の確立とともに成立し、しだいに根をおろしていった」（土肥、一九八九：三八頁）ものだった。土肥恒之は、その普及過程を「部分的」から「全面的」へ、「下から」と「上から」と特徴付けている。その前提には、①「村では土地はミールのもの」（同：三七頁）で、②諸貢租・租税の納付は連帯責任、という規範と制度があった。働き手が病死した世帯は、今まで通りの面積を耕作できず、かといって村の貢租・租税は減らないので、村内で土地の「切り取り」と「付け足し」がなされた。これが「部分的」である。さらに、増税や新税などの負担の加重で逃亡農民が多数出たり、村が荒廃したりすれば、村では自主的に土地割替を「全面化」しなければならなかった。これが「下から」である。

さらに、政府や領主の側からすると、人口調査を期に男子労働力に見合った土地割替をしておくことが、商品経済の浸透による農民の没落・逃亡を抑止し、確実な貢租・租税の徴収につながる。これが「上から」である。さらに三年や九年に一度、定期的に土地がローテーションされる三圃制という粗放農業の下では、土地割替を拒むほどの固別農地への執着観念も発達しなかったとも言える。

領主直営地

ロシアの近世農業で忘れていけないのは、日本の幕藩体制にはなかった領主直営地の広がりである。それは、土壌の差異に規定されて広大なロシアの領土に偏在していた。あまり肥沃でない非黒土地域では農奴から生産物や貨幣の地代（オブリーブ）を徴収する領主が多かったのに対し、肥沃な黒土地域では農奴の賦役（パールシチナ）によって農場を直営し、生産物を販売する領主が多かった。

非黒土地域のニジェゴロド県は、オブリーブが全体の八二％だったが、黒土地域のトゥーラ県ではパールシチナが九二％だった（土肥、一九八九：五九頁表4）。とはいえ、非黒土地帯のモスクワ県でもパールシチナが六四％を占め、その選択は領主自身に委ねられており、「穀物市場の価格騰貴に眼をつけた領主が、非黒土の所領でも農民にパールシチナを賦課することには何の障碍もなかった」（同：五八—五九頁）。

パールシチナの賦課は週三日という暗黙の了解があったが、「週三日をこえるのが普通の状態であった」（同：六〇頁）。一六～一七世紀の中東欧諸国における「再販農奴制」の発達が西欧の穀物需要の増大と連動していたように、「一八世紀後半のロシアにおける農奴制の強化、すなわちパールシチナの増強については、西欧における穀物需要の増大という要素を抜きにしては考えられないのである」（同：六二―六三頁）と、土肥恒之は述べている。

一九世紀の「ロシアは世界市場においてはみずからをまったくの農業国として位置づけていた。すなわち、穀物を主とし、亜麻など工業原料をイギリスはじめ西ヨーロッパへ輸出し、イギリスから綿糸、機械、植民地産品、フランスからは絹織物などを輸入する関係にあった。こうした世界市場においてロシアはアメリカ合衆国に似た存在であった」（川上、一九七一：一三七―一三八頁）。

つまり、一九世紀のイギリスを中心国とする世界資本主義の下で、アメリカの南部で奴隷制に基づくプランテーションが発達したのと同様に、ロシアでは農奴制に基づく領主直営農業が発達したのである。その下で、貴族に所領私有の観念が一段と強まりこそすえ、農民には反対に農地私有の観念など発達するはずもなかった。ただし、国有地農民は土地割替制度の導入も遅く、地主領農民よりも境遇は良好で、土地使用も広い権利が認められていた。「ある種の国有地農民、例えば、極少数の郷士などは、自由民の境遇に接近していた」（松村、一九五五：一〇頁）。

そうした地域性はありつつも、農奴解放間近の大半のロシア農業は、徳富蘇峰が「其の憐れなる有様、目も当てられぬ」と驚いたように、強化されていく農奴制の下にあった。それだから、一八五四年の段階でも、ロシア農村には「読み書きができる農民は事実上、存在しなかった」(パノフ、二〇一六：六六頁)。農村にも寺子屋が普及していた日本の近世農村とは大きく異なっていたのである。

第二節　日本：自律性を増す村(ムラ)

近世日本の人口

ロシアの近世農業で政府や領主が掴まえていたのは、農奴、すなわち〝人〟だった。言い換えると、土地ではなかった。人頭税にそれは象徴されているが、チャグロという賦役と貢租の単位にもその性格は明瞭だった。それは「二人の完全な労働能力を持つ農民家族」のことで、「通常、労働適齢期(一五、一六才～六〇才)にある夫婦を指す」(松村、一九五五：四頁)ものだった。それでは、徳川吉宗はなぜ一七二一(享保六)年に人口調査を実施したのだろうか。

野村美優紀(一九九五)は、吉宗が人口調査と合わせて「一七二二年小石川養生所を設立して、町中の極貧の病人、独身で養生し得る者、あるいは一家病気の者は養生所で治療を受けることを許し、入所中は衣類・夜具等を支給した」(同：二六頁)ことに着目している。

この下層貧民の救済政策と合わせて、吉宗はまた洋書（漢訳洋書）の輸入制限を緩和し蘭学の研究も奨励した。そこには、救貧法など重商主義の一環として貧民の労働力利用に力を入れるようになった一六～一七世紀のイギリス絶対王政と類似する「支配戦略」の転換があったと、野村は言う。すなわち、「人間の生命を苛酷に扱い、人民を死の中へ突き落とす権利を誇示する」支配から、「保護しなければ死んでしまうほかない生命を放置」せず、「人民を〈生きさせる〉権利を行使する」（同：二八頁）支配への転換である。

吉宗以前にも「宗門人別改」など「住民の数」の調査はあったが、それはキリスト教取締のためのものだった。それに対し吉宗は、「『人口』に注目し、精確な数を定期的な調査を実施することによって知ろうとした。つまり実証的な知を手掛かりに治世することに努めた」（同：二九頁）。こうして、幕府による全国人口調査は、一七二一年から五年後の一七二六年に再び実施され、その後は六年に一度の実施が制度化されたのだった（鬼頭、二〇〇〇：八〇頁、次頁図7）。

この野村美優紀の議論をひとまず置いて、人口という観点から近世日本を眺めれば、高率で増加していた全国人口が、「享保期のあたりで成長を鈍化させた」（同：八一頁）ことは周知の事実である。すなわち、一六〇〇年に一、二二七万人と推計された日本の人口は、一七二一年には三、一二八万人へと一二〇年間で二・五五倍にも成長した。しかし、天明の大飢饉（一七八二～一七八八年）後の一七九二年には二、九八七万人にまで減り、その後、持ち直すものの一八七三（明治六）年の三、三三〇万人まであまり増えなかった（同：一六―一七頁）。ここから「江戸前期が増加率の高い『人口爆発』の時代、中・後期が停滞の時代であるという歴史像」（同：八四頁）が定説となった。

この特徴は、ロシアとの比較でより際立つ。ロシアの人口は、第一回調査（一七一九～一七二七）が七二九万人だった。ただし、これは男のみなので、二倍すれば一、四五八万人になる。つまり日本の半分に満たなかった。しかし、第四回調査（一七九四～一七九五年）では一、八一六万人となって、二倍の三、六三二万人は同時期の日本を超えている（土肥、一九八九：五頁）。

八〇年間で二・五倍というこの増加は、バルト沿岸地方の獲得など絶え間ない領土拡大の反映である。その後も、ロシアは、ポーランド分割やトルコ分割、ペルシャ戦争、ナポ

図７『人口から読む日本の歴史』。鬼頭宏著，講談社学術文庫。近世の日本を歴史人口学から解き明かす。

レオン戦争、東方進出と沿海州獲得など戦争による領土拡大を続け、一八六七年の総人口は四、五六〇万人となった（雲ほか、二〇〇八：八四頁）。日本の約一・五倍である。

この戦争による領土拡大と農奴制の強化は、ロシアの近世を通じて野村（一九九五）の言う「人間の生命を苛酷に扱い、人民を死の中へ突き落とす権利を誇示する」支配が継続したことを示唆するのかもしれない。片や日本の一七世紀の「人口爆発」には、天下泰平の下での新田開発が寄与していた。それは、「傍系親族と隷属農民の分離独立、あるいは消滅による、直系親族を中心とする小規模世帯化」をもたらし、「隷属農民の労働に依存する名主経営が解体して、家族労働力を主体とする小農経営へと移行する農業経営組織の変化」（鬼頭、二〇〇〇：九一頁）があった。

このことから、江戸後期の人口の「停滞」は、前期での新田開発が限界に達し、かつ鎖国という閉鎖的経済体制の下での資源制約に要因が求められるだろう。ただし、そこには地域性があった。一七二一年から一八四六年までに、東北・関東・近畿地方の九ヵ国が二〇％以上も人口を減らす一方、北陸・中国・四国・九州の一八ヵ国は二〇％以上も増やしていた。「停滞」と見えた全国人口の推移は、「地域人口の変化が合成」（同：九七頁）された結果だった。その際、東北・関東の減少は一八〇〇年前後の地球規模の寒冷化による凶作と飢饉が影響していた。

しかし、そこにおいても「生活革命と死亡率の改善」（同：九四頁）は続いていたと鬼頭宏は言う。宗門改帳から推計される平均余命（出生時）は、「一七世紀には二〇歳代ないし三〇歳そこそこだったと考えられるが、一八世紀には三〇歳半ば、一九世紀には三〇歳代後半へと着実に伸びている」（同）。それは、「一日三食制の定着などの食生活の充実、木綿栽培の普及による衣類・寝具の改善、礎石屋や畳敷の普及に見られる住生活の向上」（同）が、医療・医薬の進歩と合わせて死亡率の改善をもたらしたからである。

この観点から鬼頭宏は、江戸後期の人口「停滞」の一つの理由として産児調節や晩婚化などの「予防的制限」があったと言う。この予防的制限とは、将来予想される生活の悪化に備えて、「早い時点で行動を始め、出生率を低下させて、より早く死亡率との均衡を達成させる」（同：一〇七頁）ことである。それこそが、「江戸時代後半の一人あたり所得水準の維持向上を可能にした」（同：一〇九頁）のだと言う。

果たしてそれは、野村美優紀が言う「人民を〈生きさせる〉権利を行使する」支配の結果であったのか。この論点には後ほど立ち返ることにして、ここでは幕府の人口調査がロシアのように農民を徴税対象として掴むためのものではなかったことを確認しておこう。

太閤検地の歴史的意義

では、幕藩体制が掴まえていたものはなんだったのか。その理解には、近世農村を生み出した土地制度変革と言える太閤検地の歴史的意義を問うことが不可欠である。太閤検地とは豊臣政権の二〇年間ほどの時期に豊臣秀吉によって不断に取り組まれたもので、その実施内容をまとめれば、おおよそ以下の六点だった（中野、二〇一九：七頁、次頁図8）。

「一　境界線を画定し、地域を明確にすること。
二　当該地域内の土地面積を測量し、反別を決定すること。
三　地質を吟味し、田地の品位を別ち定めること。
四　石盛（一反あたりの田一箇年の量を何石何斗で表す）を定めること。
五　石高を定めること。
六　一村の総面積（田畠総面積）並びに総石高（収穫米予想総高）を決定すること」（同）。

ここからもわかるように、検地とは「村の規模確定と村高（村の石高）決定にあり、検地帳に記載される名請人の性格如何や村の内部がいかなる農民によって構成されるか」（同：八頁）ではなかった。同時に、これが「いわゆる『村切り』と称されるもので」、「この過程で誕生する『村』が、いわゆる『近世村』『近世村落』などとされるものであり」、それが「文字通り日本近世社会の基本単位として機能することになる」（同）。

言い換えると、秀吉が太閤検地で掴まえようとしたのは「村高」（＝土地の産出力）であり、「近世村」の誕生はその結果であった。だから、「太閤検地の歴史的意義」の理解のためには、その〝目的〟と〝プロセス〟、そして〝結果〟を分けて検討する必要がある。

まず、その〝目的〟の理解には、秀吉が一五八五（天正一三）年に従一位関白に叙任されたところから話を始めねばならない。というのも、「藤原摂関家以外からの関白襲職は前例もなく、ましてや武家が関白になるなどは空前のことであった」（同：二五九頁）。周知のように、信長は天皇の権威すらものともせず、右大臣・右大将の官位も辞官していた（朝尾、二〇〇四：一九頁）。それに対して出身身分の低い秀吉は、この関白叙任をもって他の諸大名から隔絶する地位を天下に誇示し、この「天皇の権威を前提として、『国土』の掌握を企図し、秩序回復を期して国郡境目の画定を目指す」（中野、二〇一九：二五九頁）のである。

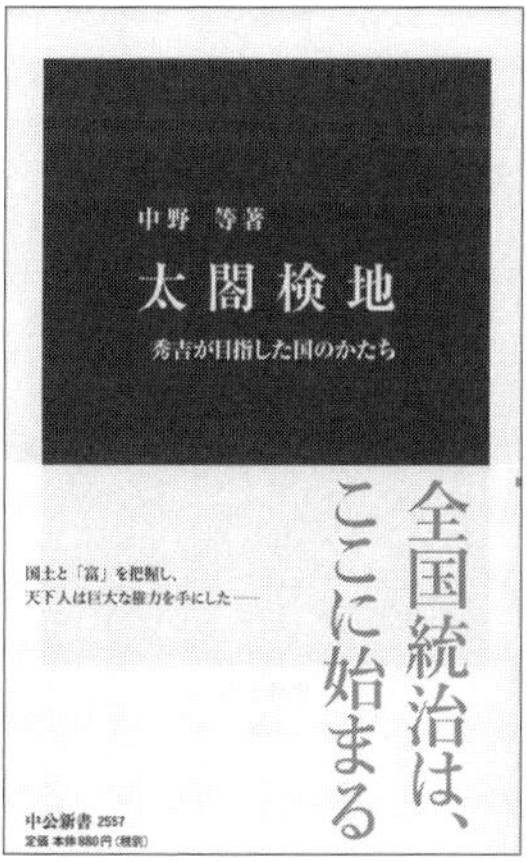

図８　『太閤検地―秀吉が目指した国のかたち―』。中野等著，中公新書。日本の近世を生み出した太閤検地。

秀吉による天下統一は、一五九〇年の関東・奥羽平定戦の終結により達成された。それを踏まえて翌一五九一年に太閤となった秀吉が、全国の諸大名に調製・提出を求めたのが「御前帳」（中身は検地帳）と「一郡ごとの絵図」だった。この結果、諸大名の「私検地」も「御前帳」に調製され、太閤秀吉から天皇に献納された。つまり、そこで諸大名の「私検地」を含めた太閤検地は「公的なものへと置換され」、「『国家』的検地として追認をうける」（同：二六一頁）ことになったのである。

その意味でも、太閤検地の〝目的〟は、秀吉が自らの手による天下統一を天皇の権威によって天下に知らしめることであり、同時に、日本全国の「富」（＝石高）と「国土」（＝絵図）という圧倒的なエビデンスを天皇に見せつけて、〝成り上がり〟の負目を払拭することだった。

しかし、この〝結果〟として、「原理的にすべての『国土』は天皇あるいは秀吉の手に帰し、以後江戸時代を通じて大名・給人は在地性を否定された『鉢植え』の領主として存在することとなる。こうして世界史的にも希有な『封建制度』を可能にし、それを根本で支えたのが一連の太閤検地と称される政策であった」（同：二六三頁）と、中野等はまとめている。

これが明治維新における版籍奉還につながると考えることは飛躍だろうか。いずれにしろ「検地の結果として機能する石高制」によって、知行規模が数値化され、「領地内容の互換性を図るうえで石高のもつ客観性や合理性は大きな意味を」（同：二六二頁）もった。言い換えれば、大名・給人らの知行権は、いまや特定の「土地」に対してではなく、「高」に対して認められたことになった。その意味で、「慶長三年（一五九八）に実施された広域かつ連鎖的な領地異動はきわめて象徴的なものであった」（同：二六三頁）。

日本近世にはロシア近世と比較したときに重要な特徴があった。第一に「将軍・大名・給人間相互に所領売買がみられないこと」、第二に「大名は将軍の命により、給人は大名の命によって、『転封』『所かえ』させられ」（同：九―一〇頁）たことの二点である。それこそ、太閤検地の〝結果〟としての「土地」から「高」への転換だった。貴族が自らの所領を売買し、農奴すら奴隷のように売買したロシアと日本の〝異質性〟は、ここに極まるのである。

公儀領主制と村請制

中野（二〇一九）は、「ここで留意すべきは太閤検地の進展に伴って『村請制』が機能しはじめることである。『村請制』のもとでは、村のみが法人格を付与されて年貢や諸役の責任を負う。仮に、個々の百姓に年貢の滞納（未進）があったとしても、その責任は村全体に帰することとなる」（同：六頁）とも述べていた。ここに、日本近世の村（ムラ）とロシアの村（ミール）における〝徴租を連帯で負う末端軍位〟という〝共通性〟が問題となってくる。

そこで注目すべき点が、検地の〝プロセス〟である。それは、まず検地奉行と「百姓中」の立会で村の境界が画定された後、「村から一筆ごとの耕地情報を『百姓指出』として徴収」し、次に「検地奉行と百姓中とが協力して実検・丈量し、指出を修正」するというものだった（同：一四頁）。ここで「百姓中」の「中」とは、「集団の成員すべて」といった意味である（同：一五頁）。

つまり、ロシアのように〝人〟の頭数を数えるのと違って、一筆ごとの土地の肥瘠を含む耕地情報を精確に把握するためには、「在地の協力は必要不可欠であり、また百姓中にとっても自らの既得権を守っていくために奉行への協力は有益なものとなる」（同：一六頁）。それは百姓中と検地奉行との「駆け引き」をはじめとした「一種の『闘争』と評せなくはない」（同）ものだったのである。

このプロセスが示すように、すでに日本の中世後半には「惣村＝村落共同体」が百姓の家（イエ）の一般的成立を待たず、成立していたとするのが稲葉（二〇〇九）である。また、それを前提に、日本近世の人民支配の特質を、「領主団体（「公儀領主制」）と百姓団体（村惣中＝村共同体）という身分制的団体が、互いに実力行使を抑止して結んだ『平和契約』」（稲葉、二〇〇九：一九頁）であるとしたのが朝尾（二〇〇四）だった。

そこでの鍵となる概念が「公儀」である。公儀とは幕府も指すが、藩も支配領域では公儀であって、「幕府の公儀に全面的に吸収・包摂されることなく存在」（同：三三三頁）したのだった。一六一五年の武家諸法度も、江戸幕府が「天下の公儀として地域の公儀領主を統制する法」（同：三四〇頁）であり、そこでは「大名個人に公儀としての自覚を求め」（同）、「領国の安寧を維持することによってその支配の正当性を認め」（同）るものだった。

その一方で、「公儀領主に対応する公儀の百姓のあるべき姿を明示した」（同：三三九頁）ものが秀吉の刀狩令だった。それは、百姓は武装してはならず、「農具さえもち、耕作もっぱらにつかまつり候へば、子々孫々まで長久に候」（同）として、「武装を独占し支配する領主の集団と、農業に専念し貢租を負担する百姓の集団とが、全国的規模で対置されたのである」（同）。

さらに、大名領主は公儀と認めらることで、「彼の家中に対する絶対的な支配権」が保証され、「給人領主と百姓の個人的な人格的関係が遮断され」、「給人の手を離れた勧農機能は郡奉行のもとに集中された」（同：三四三頁）。他方で、武装解除された「百姓」は、「その内部にかかえていた侍・奉公人と商人・職人は都市に移動し、内部に分業を孕んだ社会集団としての性質を失い、農業共同体に単一化された村（惣村の下部にあった小村）が基礎」（同：三四九頁）となって村請制が敷かれたのである。

さらに、「貢租の率・量は、個々の給人はもとより、公儀領主であっても自由に決めたものではない」（同：三五四頁）。それは「在地における一定の慣行を基礎としていたのであって」、「領主が変わっても、原則として前の領主の決定が踏襲されるのが一般的であった」（同）。

そこでロシアとの比較で問題となるのは、幕命によって各藩の農民に課された国役負担（百姓公役）である。それは、ロシアの人頭税のような国税を意味するものだったのだろうか。それについて稲葉継陽は、「百姓公役も公儀からそれぞれの村に対して、村高に応じて付加されるものであり、個々の百姓に直接賦課されることはあり得ない」（稲葉、二〇〇九：三三二頁）とした。

さらに、木越隆三（二〇〇八）は「夫役＝労働地代説」を批判して、「村百姓中に課された公儀の役、国家的役の負担は基本的には」、「村からも領主からも反対給付がなされる有償夫役」（同：二八頁）であることを明らかにした。さらに、夫役に出たのは「小作貧農層や無高民（水呑）などが主体」で、「彼らは都市出稼ぎ人の予備軍であり、都市日用や武家奉公人の予備軍でもあった」（同：二七頁）とした。

つまり、社寺造営や土木工事などの幕命や藩命による百姓夫役は、村（ムラ）の低所得層にとっては公共事業にも似た所得獲得機会だったのである。[1] ここに、ロシア近世農業の人頭税や兵役とは、似ても似つかない日本の近世農業の姿が浮かび上がってくるのである。

百姓成立と割地慣行

以上のように、「村高」(=土地の産出力)を掴まえようとした秀吉の太閤検地は、検地というプロセスを通して、結果として村(ムラ)と村請制を成立させていった。そこでの「貢租負担量の規定」を、「公儀たる領主と村による百姓との集団同士の約定=契約という観点から見直す必要がある」(朝尾、二〇〇四:三五五頁)としたのが朝尾直弘である。

それというのも、そこで村(ムラ)は、「百姓の家の自立を実現し安定させるうえで不可欠の組織」(稲葉、二〇〇九:二五頁)として領主と対峙する関係にあったからである。この百姓の家(イエ)の自立を近世社会における「百姓成立(なりたち)」と呼んで、領主の側の徴租法と、村と百姓の年貢納入方法、さらに村(ムラ)内の相互扶助などを構造論的に研究したのが渡邊(二〇〇七)だった。

渡邊は、検地帳や名寄帳に記載のある高持百姓が圧倒的に一石・一反未満の零細百姓だった点を捉え、彼らが年貢や諸役を負担しながら如何に再生産可能だったかを問う。「いわゆる

『百姓成立』の構造である」（同：七頁）。

家康以後三代家光までの幕府は、百姓に対しては衣類・食物・家作などの衣食住から、たばこ・木綿などの作付け制限、村からの移動、「欠落」の防止など事細かな法令をだし、一六四三年には田畑永代売買禁止令も出している。ここに、「近世初期の検地以来百姓による頻繁な土地の売買と、それに伴う年貢米生産・納入階層としての百姓の変質・解体が不断に進行していた」（同：六二頁）ことが見て取れるという。それゆえ、法令にある事細かな規制は、農耕専従・年貢負担専念という守るべき約定を百姓・村に迫る反面、合わせて「百姓の保護・育成の側面も含まれていた」（同：六四頁）。例えば、「独身之百姓」に対する「五人組・村による扶助が強制されている」（同）。

中でも重要なのが、年貢賦課と徴租法である。「それは、領主による百姓の単純な苛斂誅求でもなく、また百姓の奔放な生活・生産活動を容認することでもなかった」（同：七九頁）。それを担保したのが年貢の検見制である。

それは、「担当役人と村役人・高持百姓の立ち会いで行われ、その前提として百姓・村側での検見である内見が実施されており、領主側の一方的な独断的な査定ではない」（同：八一頁）。つまり、「検見制には、百姓側に必要最小限の取り分を確保させたうえで、その余分を年貢としてとるという領主側の都合による『百姓』保護の基調、原則があった」（同：八五頁）。言いかえれば、「検見制の仕法そのものに年貢米を徴収しすぎないようにする機能があった」（同：二八〇頁）と言うのである。

さらに、村（ムラ）の内部には、五人組や牛組（牛の共同保有）などの複数の家族世帯による組編成が、年貢負担の連帯責任を負うだけではなく相互扶助機能を果たすことで、零細百姓の再生産も可能となっていた。それゆえに、「『百姓成立』は領主側のお救い的な側面だけでなく、百姓・村が積極的に創出した維持構造によって可能となっていた」（同：二八一頁）。先ほどの野村美優紀の議論に立ち返れるなら、村（ムラ）との〝契約〟という村請制の下で、「人民を〈生きさせる〉権利を行使する」支配につながっていったと見ることもできるだろう。

そこで最後に問題となるのが日本の近世農業における「割地慣行」である。この割地慣行とは、ロシアの村（ミール）で実施されていた土地割替制とよく似た、定期的に土地を割替えるもので、日本の近世農業には全国各地に見られた慣行だった。果たして両者は同じものだったのか。

否。土地の定期割替という点をとれば同様に見えても、そこには決定的な違いがあった。それは、ロシアの土地割替が登録人口（担税人口）またはチャグロ数に応じて（＝人を単位に）土地を平等に分配したのに対して、日本における割地慣行は、例外はあったが「持高」（＝家を単位に）に応じて配分するものが主だった（青野、一九八二：二一頁）。その意味でも、日本の割地慣行は検地と村請制を前提としていたのである。

つまり、通常は一体化している「高」と「土地」を分離して、各百姓は「高」を所持し（売買可能）、「進退（用益）」する土地を定期的に割替たのが日本近世の割地慣行だったのである。ここでも、〝人〟を掴まえるロシア近世と「高」（＝土地の産出力）を掴まえる日本近世の違いが明瞭なのである。

では、日本の割地慣行はなぜ生まれたのだろうか。割地制度の起源をめぐっては、「一、徴税便宜説、二、水損均分負担説、三、共同開墾説」（新潟県農地課編、一九五七：六四頁）の三つが言われているが、「耕地割替制度の慣行はほとんどすべて大河川中下流の沿岸低湿地の新田地帯＝水害地帯において認められる」（川田編、一九五三：七頁）ことから、「水損均分負担説」が妥当だろう。

実際、ブラウン（二〇〇一：二四七頁）作成の図（次頁図9）を見ても、実施国は岩手県南部から茨城までの太平洋地域、新潟から福井までの北陸、三重、岡山、愛媛、高知、大分、宮崎、鹿児島であり、やはり大河川中下流域の水害地帯という一般的特徴が当てはまる。

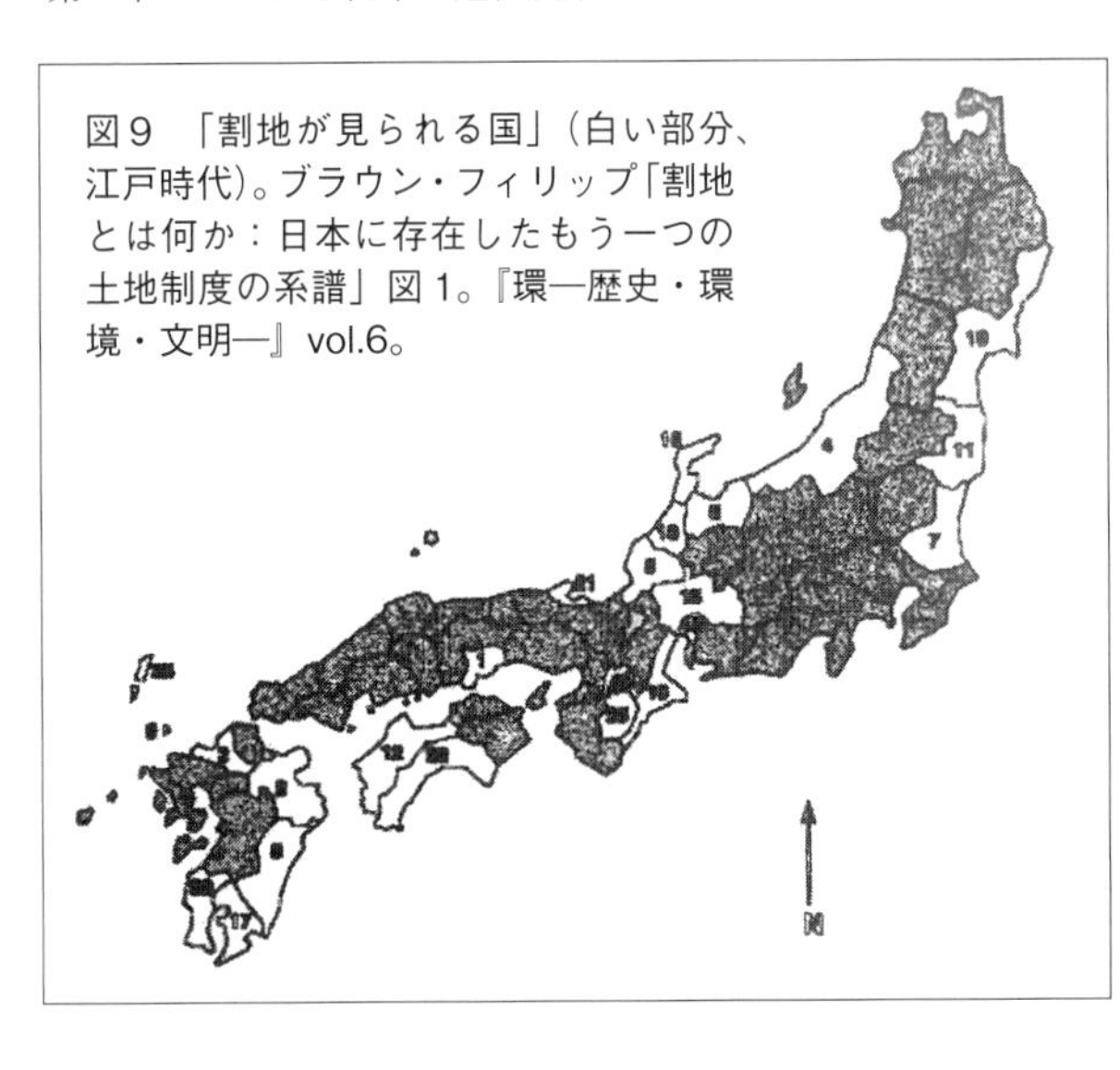
図９　「割地が見られる国」（白い部分、江戸時代）。ブラウン・フィリップ「割地とは何か：日本に存在したもう一つの土地制度の系譜」図１。『環―歴史・環境・文明―』vol.6。

では、そのような割地慣行の地において、地租改正はどのように実施されたのだろうか。農民は、高は所持するが、土地は進退（用益）するだけである。新潟県は租税寮に伺いを発するが、租税寮は「割地は今後廃止するつもりであるが、唯今は現状の中で地券が交付できるように工夫せよ」（青野、一九九九：二四三頁）と、県に対応を丸投げしていた。

この結果、信濃川の水害常襲地・釜ヶ島村では、「村独自の土地政策（割地）を存続するか、政府と協調する道を探すか」（青野、一九九〇：一六頁）で揺れるが、結局、一八八二（明治一七）年に「地主一同の連署による『盟約書』の作成で割地続行を決断した」（同）。その結果、釜ヶ島村（ムラ）の地租改正は、一八八八（明治二一）年になってようやく土地は割地権者の共有と一部村有で決着した。明治政府は村（ムラ）の強い意志の前に割地廃止を強制できず、村（ムラ）に譲歩したといえる。

釜ヶ島村の割地慣行は、その後、何と戦後の農地改革を経ても継続され、廃止となったのは一九六八年のことである（青野、二〇〇二）。それは、信濃川に堤防が建設され、この村（ムラ）が水害来襲という「自然的悪条件から解放され」（同：一二六頁）たからだった。[2] この歴史にも、中世・近世移行期以来、「自衛集団」として「近世」に確立した村（ムラ）の自律性と逞しさを見て取れることができるだろう。[3] これが超連続性である。

第三節　封建制と農奴制

封建制

この章の最後に、ロシアと日本の近世農業を封建制と農奴制という二つの概念で対比しておこう。ただし、この二つの概念自体を本格的に論じることがここでの目的ではない。あくまで、ロシアと日本を対比する参照軸である。

とすれば、まずかつてのマルクス主義が歴史学を支配した時代に、一体化されていた両概念を分離する必要がある。すなわち、かつては農奴制（「領主＝農民関係」）が封建制社会の下部構造、封建領主の封主＝封臣関係（レーエン制）はその上部構造とされ、「したがって領主＝農民の関係こそ封建制社会の本質をなす規定的モメント」（世良、一九七七：一一頁）と理解されていたのだった。[4] だから、もっぱら農民が領主に支払う「地代」が、労働地代か、生産物地代か、貨幣地代か、あるいは剰余労働の搾取か、にもっぱら議論が集中してきたのである。

しかし、「例えば中国においては、農奴制は存在するがレーエン制は存在しない」（同：一二頁）ように、農奴制が必然的にレーエン制を生み出す関係ではない。だから、「領主＝農民の関係を基礎におくことによって、封建制社会の全機構を把握しうるとする考え方は」（同）成り立たないのである。

この考え方から、ここでは封建制をごく一般的な「レーエン制」（封主＝封臣間の人的支配関係）と理解することにする。というのも、「レーエン制は、西洋の歴史学会においては、常に『封建制』の本質的構成要素として把えられている」（同：九頁）からである。そうだとすれば、徳川幕藩体制は中野（二〇一九）も述べていたように、「世界史的に希有」とはいえ、封建制と言えそうである。なぜなら、各藩の支配地域における公儀としての地位を認めたのは、幕府（大公儀）だったからである。

では、ロシアのロマノフ朝はどうだったか。まず、確認すべきは、徴兵制と人頭税を導入したピョートル大帝の下で、「士族を基幹とする膨大な常備軍と官僚機構が一応整備し、中央集権国家は著しく強化した」（松村、一九五五：三頁）ことである。それを、かつては「〝ブルジョア的〟か〝農奴主的〟かという、いわば二者択一」（倉持、一九七九：一二四頁）で議論していた。

しかし、ここでは〝分権的〟か、〝中央集権的〟か、という観点を重視したい。そうすると、一七五五年の官僚の五〇・二％は非貴族出身であり、五四・七％は農奴所有がゼロか家内奴隷程度の二〇人以下だった。ピョートル大帝は、「官等表」という一～一四の官僚の等級を設け、土地と貨幣の二本立てだった給与を貨幣に一本化した（鳥山、一九七九：八三頁）。さらに、エカテリーナ女帝は、「官等官の給与を引き上げ、また年金制度を導入する」（同：七八頁）。

確かに、中央官僚の上位官等（一～五）は農奴を多数持つ貴族出身が多かった（八七・六％）。しかし、中央・地方行政庁の主な官僚の給源は下級官吏の子弟であり、かつ非貴族出身の官僚に出世を約束したのは学歴だった。ロシアでは、一七二四年にはピョートル大帝の命によりサンクトペテルブルグ大学の前身の帝国科学アカデミーが設立され、一七五五年にはモスクワ大学も設立された。

一九世紀中葉の中央官庁上位官等（一〜五）の六五・一％が大学・高専卒業者で、それにエリート養成の近侍学校・学習院（リセー）を加えれば八三・〇％となる（同：六八頁、表Ⅲ）。「平民の子でもしかるべき学歴があれば、官僚としての昇任に全く妨げがなかった」（同：六九頁）。レーニンの父親は、もと農奴の子だったが、カザン大学を優秀な成績で卒業し、最終的に四等官まで昇進し世襲貴族となったのである（倉持、一九七九：一二四頁）。

これは、当時のロシアでは、九等官以上は一代貴族に、五等官以上は世襲貴族になれたからである。つまり、「ロシアの貴族は開かれた身分であった」（鳥山、一九七九：一〇一頁）。こうした非貴族身分から貴族となった者の多くは、家内農奴しか持たない給与生活者だった。しかし、彼らのツァーリへの忠誠こそが「ロシアのツァーリズムが永く続いたことの説明」（同）とされてきた。

さらに、五〇の「県知事は中央政府によって任命され、ペテルブルクの監視下にあった」（サルキソフ・パノフ、二〇一六：五五頁）。近世後期のロシアは、高学歴の官僚によって運営される中央集権的国家だった。これを封建制とはとても言えないだろう。

農奴制

それは、一八世紀後半にロシア農奴制が爛熟期を迎えたこととなんら矛盾しない。イギリスを中心国とする世界資本主義の下で、アメリカ南部で奴隷制が発達したように、ロシアでは「農奴労働が雇傭労働より有利だった」（鳥山、一九七九：一〇九頁）だけのことである。ロシアもアメリカも、グローバルな世界市場に組み込まれるなかで、市場競争の力によって農奴制や奴隷制を強化していたのである。

そこで逆に問題となるのが、日本の「領主＝農民関係」は、果たして農奴制だったかどうかである。先述のように、幕府や藩が掴まえていたのは「高」であり、村（ムラ）であって、名請人を直接、掴まえていたのではなかった。「領主・農民関係の契約的側面」（朝尾、二〇〇四：三四八頁）からして、戸としての「イエ」を構えた百姓は農奴とは言えない。百姓は、農地の質入れや売買すら行っていたのである。片や、ロシア農民は、奴隷のように売買されたり、裁判なしに領主から笞刑を受けたりした。このロシアを見ることで、日本の百姓の特質も際立ち、日ロ比較農業史の意味も鮮明となるのである。

以上をまとめれば、日本とロシアの近世農業は、結論として**表1**のようになるのである。

表1　日本とロシアの近世農業

	日本	ロシア
封建制	○	×
農奴制	×	○

注

（1）村（ムラ）にはもともと無償の「村仕事」があったが、貨幣経済や商品経済の浸透に伴って、「労働の対価を意識し相応の受益を期待する段階に至ると、村仕事をめぐる紛議が発生し」（木越、二〇〇八：三八〇頁）、やがて村仕事の一部が村入用（村財政）から反対給付される有償労働となっていった。それが「中世～近世初頭」の頃であると木越隆三は述べている。それは、「領主から課された夫役や国家的な夫役が、有償の役労働として徴発され」、「同時に村から反対給付がおこなわれたので、領主や国家からの反対給付も、当然の対価として受け取った。近世の村社会に、領主や国家からの有償夫役が一般化したことで、無償の村仕事の世界にも労働の対価を求める意識が強まったに違いない」（同）と言う。要するに、領主や国の夫役は当初より有償が一般的で、それが無償の「村仕事」にまで波及したと木越は論じている。

（2）この割地慣行と地租改正との関係を加賀・能登・越中の事例について論じているのが、奥田（二〇一〇）である。そこでの地券交付と地租改正に共通するのは、「村落への丸投げ方式で作業がすすめられた」（同：二二三頁）ことである。もちろん、自然的悪条件の程度により、地域的なバラエティが生じたことは言うまでもないが、割地慣行を止めさせたい「県当局の指導や施策にもかかわらず、割地慣行を存続させる村落はなくならなかった」（同：二二五頁）のである。なお、より詳細な研究として奥田（二〇一二）も参照。

（3）日本の村（ムラ）については、玉（二〇〇六）において、自然災害が頻繁な日本の風土に規定された側面に加えて、有賀喜左衛門がいう権力に対する「自衛集団」としての性格についても論じた。

（4）その際、日本の歴史研究においては「生産諸手段の所有者が直接生産者に対する直接的関係」（『資本論』）が「生産様式＝従属様式」を決めるという野呂栄太郎にはじまる主張が絶大な影響力を持つことになった。その点、詳しくは、玉（二〇二三b）を参照。

第三章　農奴解放と地租改正

この章では、クリミア戦争後の東アジアの情勢こそが、日ロを戦争にまで導く起点であり、両国の近代化の起点でもあることを述べる。そこから地租改正と農奴解放が通貨危機、銀行危機を契機に始まり、近代的私的所有権がロシアでは貴族に、日本では百姓に帰属したことを確認する。次に、その実施過程の比較から、日本では「租税国家」に帰結した改革が、ロシアでは村（ミール）による土地割替や連帯責任などの半農奴制が継続することを指摘し、その結果、日本の農村からは都市へ労働力が流出し、農業生産も増加するのに対し、ロシアでは人口増加が耕作地の減少を招き、農業生産も停滞することを明らかにする。最後に、両国の違いの根源に、「近世」に培われたイエ原理と勤労原理という価値規範の違いがあることを指摘する。

第一節　クリミア戦争と東アジア

クリミア戦争

こうして、ようやくロシアの農奴解放と日本の地租改正を比較するところまで来た。その場合、話はクリミア戦争から始めねばならない。クリミア戦争こそが、両国の「近代化」の起点となるからである。それはなぜか。もちろん、ロシアの農奴解放を含む「大改革」がクリミア戦争敗北に始まることは、ロシア史における通説である。

なかでも和田春樹は、一九六一年度の歴史学研究会報告「近代ロシア社会の構造」で従来の近代主義や発達主義を批判して、「国際的契機」という観点を提起し、「問題は国際的契機か、国内的契機かという対置にあるのではなく、いかに両契機を統一的に把握するかにある。その場合、単なる統一ではなくして、国際的契機に規定的側面を求めなければならない」（和田、一九六一：六頁）としていた。そして、クリミア戦争後の農奴解放に始まる「大改革」の推進者として「ツァーリズム官僚」の重要性を指摘したのである（同：九―一一頁）。

だから、クリミア戦争とロシア農奴解放の関係は明瞭である。問題は、クリミア戦争と日本との関係である。そこで重要なのが、クリミア戦争後の東アジア情勢の激変である。そして、その激変を理解する前提となるのが一八一五年のウィーン議定書にはじまる「ウィーン体制」だった。それは、フランス革命とナポレオン戦争終結後のヨーロッパ秩序を再建するために締結されたもので、そこで生まれた「英露両超大国のコンセンサス」こそが、その後四〇年間のヨーロッパ国際政治の平和を保証していたのである（中山、一九七四：一頁）。そこにおいて、ロシアはナポレオンを打ち負かし、「ヨーロッパの憲兵」となっていた。

そのロシアが、イギリス・フランスばかりか、オーストリアやプロイセンまでも敵に回して、クリミア半島を舞台に、一八五三年から一八五五年まで戦われたのがクリミア戦争だった。そのために、「ウィーン体制」は崩壊し、そこから英ロ両超大国の対決という新しい時代の開始が告げられたのである。[1] それ以降、「この両超大国の対決が国際政治を規定する基本要因となる」（同）のである。

イギリスが日本に関心を示し、「ロシア艦隊を日本から駆逐する」（同：一三頁）政策へ転じたのも、一八五四年三月の対ロ宣戦布告からだった。それまでのイギリスの関心はもっぱら中国に向けられており、事実、「米国がペリーを日本に派遣するとの情報に接しても、英国は先手を打とうとはせず、ペリーの対日交渉の結果を待つという態度をとっていた」（石井、一九七三：二二頁）のである。

周知のように、日本の明治維新をめぐっては「外圧論争」というものがあり、その一方の代表者の服部之総を継承した石井孝は、明治維新を「当時の世界史的段階における外圧の相対的緩和」（石井、一九七三：二頁）で説明しようとした。それは、こうしたクリミア戦争までのイギリスの姿勢に囚われていたからだった。

しかし、ペリー来航の年にはじまったクリミア戦争によって、イギリスは対ロ戦略上から日本を重要視していくことになる。というのも、クリミア戦争に敗北し、一八五六年のパリ条約で黒海から地中海へ出る道を塞がれたロシアは、極東の黒竜江下流域への侵略を加速し、一八五六年一〇月のアロー号事件に始まる英仏両国と清国との戦争に乗じて、一八五八年五月には黒竜江北岸すべてをロシア領とする愛琿条約を清国と締結した。さらに、この戦争の調停役として一八六〇年の北京条約でウスリー江東岸の全部をロシア領沿海州とし、軍港ウラジオストック（東方を支配する町）を建設して太平洋艦隊を常駐させた。こうして、英ロ両超大国の主要な対決の場は、東アジアに移るのである。

大英帝国にとっての日本

沿海州を制覇したロシアにとって、次の焦点が中国東北部の満洲となることは、その後の歴史を見るまでもなく地政学的な帰結だった。その結果、もし「満洲をロシアに制圧されてしまえば、中国およびインドにおけるイギリスの権益を損なう恐れが」(小風、二〇〇五:五七頁)生じることは当然だった。この新たな東アジア情勢の中で起きた大事件が、一八六一年三〜九月のロシア軍艦による対馬占拠(ポサドニック号事件)だった。それは、日本にとって「列強による日本列島分割の危機」(中山、一九七四:二〇頁)を意味した。なぜなら、ロシアが対馬の領有を続ければ、イギリスも必ずや日本の一部の領有を強行し、フランスも同様な行動を起こすからである(同)。この時、前年に着任したイギリス公使オールコックはホープ提督とともに幕府と協議し、ホープが軍艦二隻をひきいて対馬に向かって「退去勧告」を行い、九月にロシアが退去して事件は終結した。しかし、幕府は八月に、アメリカには許さなかった神奈川—長崎間の沿岸測量をイギリスに許可していた。おそらく軍艦派遣の代償として(同:一七—一九頁)。

この時、ロシアが退去した理由も明らかだった。国力を消耗したクリミア戦争の敗北からまだ五年、その反省に立った農奴解放令がこの年の三月に出て、国内改造が始まったばかりだった。五月にはポーランドで反乱が起きていて、イギリスと再び交戦する余裕などなかった。それでも、このポサドニック事件こそが、それまでは〝良好だった日露関係の悪化〟と〝急速な日英関係の強化〟への転換点となったことは間違いない。見方を変えれば、この事件が東アジアにおけるロシア封じ込めを最優先課題としたイギリスにとって、日本の戦略的位置を確定したものだったのである。

一八六三年の薩英戦争、続く下関戦争を主導したオールコックの後任として、一八六五（慶応一）年五月に上海領事から着任した英国公使パークス（図10）は、着任早々「自国海軍とともに現地（箱館：玉）を訪問し、イギリスの威厳をみせつけようとした」（鵜飼、二〇〇四：二二頁）。つまり、クリミア戦争後の東アジアにおける英ロ超大国対立という国際環境の下で、ロシアの沿海州・サハリン島支配に続く満洲・蝦夷地への進出を阻止し、中国を中心とした極東の自由貿易市場の確保・拡大を図るという大英帝国の至上命題にとって、北海道（蝦夷地）がとりわけ重要となってきたのである。

図10　ハリー・パークス（1828〜1885）。英国の外交官として18年間駐日英国公使を務めた。

明治維新は、石井孝の言う「外圧の谷間」（石井、一九七三：二頁）などでは、まるでなかった。パークスは、翌一八六六年五月になると四国連合艦隊を兵庫沖に停泊させ、条約勅許と兵庫開港、さらに「改税約書」の調印を砲艦外交で実現した。また、一八六七（慶応三）年一二月の王政復古のすぐあとに起きた神戸事件（一八六八年二月）では、パークスの指示で四国連合艦隊から陸戦隊が上陸して神戸の中心部を占拠し、神戸港に停泊していた日本蒸気船を全部抑留した（玉、二〇二一a：一〇頁）。

そのあとの、明治天皇との謁見に向かう途中でパークス自身が暴漢に襲撃を受けた事件（三月）後には、パークスが明治政府に「天皇の政府が公の布告を出して、陛下が真に諸外国との親善を望んでおられる旨を国民に周知させる必要があることを力説し」（サトウ、一九六〇：一八七頁）た。「五箇条の御誓文」と「億兆安撫国威宣揚の御宸翰」が出されたのはその二週間後だった（玉、二〇二一a：一〇頁）。それはパークスが力説した通り、天皇が日本の国際環境が危急なることを、直接、全国民に呼びかけるという異例の詔勅だったのである（藤村、一九七〇：四頁）。

さらに、維新政府が首都を東京に移し、蝦夷地開拓を最優先課題とするのもパークスの筋書きに沿ったものだった。「明治の元勲、英傑とされる者の中の誰一人として、東京（江戸）を首都にしようと考えた者はいなかった」（深谷、二〇一二：二六八頁）。大久保利通は「浪速」（大阪）遷都を考えていた。それに反対する建白書を提出したのはパークスの通訳官を勤めていた旧幕臣の前島密であり、その第一項目には「蝦夷地開拓が急務であり、蝦夷地を視野に入れれば、江戸は帝国の中央となる」（同：二六九頁）とあった。

このことは、クリミア戦争にはじまった東アジアにおける英ロ超大国の対決という枠組みに、日本がイギリスによって嵌め込まれたことを意味していた。そうした中で生じたのが、戊辰戦争中に薩摩・土佐はじめ諸藩が盛んに鋳造した悪贋貨の問題だったのである。

第二節　契機と性格

日本

地租改正の契機は、この「深刻化した悪贋貨問題への対処であり、その担い手は開明官僚だった」（奥田晴樹、二〇〇四：五三頁）。戊辰戦争中の明治政府に、この問題への対処を強硬に申し入れたのは、パークスほか列強公使である。そして、それを受けて立ったのは大蔵大輔大隈重信だった。大隈は新設した改正掛に旧幕臣を登用して、「外をもって内を制し、外交の困難を仮りて内治の改良を謀」（丹羽、一九九五：二四頁）るという戦術で新貨幣の鋳造に着手し、「世界通貨体制に積極的に対応した金本位制採用」（奥田晴樹、二〇〇四：五三頁）へ向かう。合わせて、一八七〇（明治三）五月には改正掛が「藩体制の解体、家禄処分、貢租の近代的租税への移行など、税制改革の基本方針を固め」（同：五四頁）るのである。

一八七一（明治四）年七月の廃藩置県後、税制改革は無税地解消のための「賤民廃止令」（同年八月）から開始された（同：五六頁）。続いて翌年二月には地所永代売買解禁、六月から高請地（田畑）へ地券交付の開始となる。この地券は、「永代所持」の証明の意味と土地収用には持主の承諾及び正当な補償が約束された「近代的土地所有権としての基本的要件」（同：五九頁）を備えていた。問題は、それが交付されたのは誰かである。

これは「貢租の近代的租税への移行」なのだから、地券の交付先が版籍奉還した諸大名であるはずもなく、百姓を中心とする土地所持者（高請者）となったのは当然だった。広狭規模別の農地所有者数が得られるのは一九〇八（明治四一）年まで下るが、農地所有総戸数は四九四万戸、その内の九一・一%が三町歩未満、七四・三%は一町未満だった（栗原、一九七四：七二頁）。筆者が「農民的小土地所有」とした〝土地制度の性格〟は、この数字に明瞭だろう（玉、二〇一三b）。これを「半封建的土地所有制」（山田、一九三四：二一四頁）などと、どうして言えようか。

ロシア

地租改正の原理は、ある意味でシンプルだった。実際に地券を交付する作業は大変だったが。それに比べるとロシアの農奴解放は複雑で、入り組んでおり、その全体像の理解も難しい。しかし、地租改正との対比による原理的な性格は、やはりシンプルだった。「それまでの領主の土地はすべてかれに所有権があることが確認され」（鈴木、二〇〇四：一二頁）たからである。

つまり、近代的土地所有権を得たのは農奴ではなく領主（貴族）だった。その上で、領主はその三分の一を自分に残し、残りについて旧農奴が〝有償〟で「買い戻す」のである。[2] ここで三分の一という留保が持つ意味は大きい。徳富蘆花が驚いた伯爵、侯爵の巨大土地所有がこれである。筆者がロシアの〝土地制度の性格〟を「貴族的大土地所有」という根拠もここにある（玉、二〇二三b）。

しかし、問題は農奴解放の契機である。かつては「封建農奴体制の危機」が生み出した「革命情勢」の前に農奴主階級が譲歩したという、レーニン以来のソ連史学の説もあったが、今では誰も見向きもしない。今は、クリミア戦争の敗北で国の後進性が認識され、合わせて「農奴制を恥と考える観念が社会に広がり」、「アレキサンドルⅡ世（次頁図11）のイニシアチィブにより解放が決定され、ニコライⅠ世時代に育っていた自由主義的開明官僚により具体案が作成され、農奴解放が実行された」（吉田、二〇一二：九〇頁）というのが定説といってよい。その際、農奴制廃止は「下からおこるより上から行った方がよい」（同：九〇―九一頁）というアレキサンドルⅡ世の一八五六年三月の演説が必ず引き合いに出されてきた。

これに対し、こうした見方を誤りではないとしつつも、「なぜ貴族は自らの特権を失うことになる農奴解放を受け入れた」（同：九一頁）かの説明には、銀行危機という差し迫った契機があったとしたのが吉田浩（二〇一二）である。それには、一八五七年一月の鉄道建設勅令で四、〇〇〇キロの敷設計画が承認されたことが重要である。それにより鉄道会社が多数作られたが、それは「実質的には国家資金によって支えられた民間会社であった」（和田、一九七一：二六二頁）。

というのも、その株式は、イギリスの工作もあって、国内で消化するしかなかった。そのため、遊休資金を鉄道株購入に向ける目的で、一八五七年七月に官営信用機関預金の利子が一％引き下げられた。「しかしこの結果一八五八年終わりから五九年にかけて預金の引出しが止まらなくなり、銀行危機を招くことになった」（吉田、二〇一二：九五頁）のである。

「農奴解放が国家の仲介する買い戻しという形に進んだ」（同）のは、この銀行危機対策の過程であった。「銀行改革委員会と、買戻し法起草のための特別財政委員会（一八五九年四月設置）に八人中五人のメンバーが両者を兼務して」（同：九六頁）いた。合わせて一八五九年四月、農奴主所領抵当信用が停止された。当時、およそ六〇％の農奴には抵当が設定されており、それが突然に「農奴を担保としての貸付けが停止され、返済引き延ばしも禁止され」たことにより、「貴族は農奴と土地を手放さざるをえなくなり、土地付きの農奴解放を受け入れざるをえなくなったのである」（同）。

図11　アレクサンドルⅡ世（1818-1881）。第12代ロシア皇帝。農奴解放に着手した。

第三節　内容と実施方法

ロシア

ロシアの農奴解放は三段階で実施された。まず、領主と農奴が分与地に関する「約定証文」をおそくとも一八六三年二月までに作成するのが第一段階である。それが作成されると農奴農民は「一時的義務負担農民」となって第二段階に入り、領主への農奴的・人格的隷属から解放され、結婚の自由や裁判によらない体刑からも解放されて、動産・不動産の購入・譲渡・処分の権利等々を得るなど、「商品交換関係における独立した主体となった」（和田、一九七一：二七三頁）。

とはいえ、この段階でも賦役や貢租などの従来からの「義務的土地関係」は継続していた。そして、ようやく第三段階として、「一時的義務負担農民が旧領主の『同意をえて』、あるいはその『要求のある場合』分与地を買い取る」（同：二七四頁）のである。その買取価格は、「当該地区の貨幣義務年額を六％で資本還元した額、すなわち貢租年額の一六・八倍」（同）だった。「政府はこの買戻し金額の七五〜八〇％の『買戻し貸付金』を領主に与えた。双方合意の場合は、のこりの二〇〜二五％分を農民は自力で、現金で支払う必要があった」（同）。

問題は、この「買戻し貸付金」である。当時、領主（貴族）は旧官営信用機関に四億二一、五〇〇万ルーブリの債務があり、この債務から「貸付金」三億一、五〇〇万ルーブリが差し引かれた。「まことに買戻し操作はこげついた旧官営信用機関の貸付金を農民の犠牲において回収する方策であった」（同）。というのも、「国家が旧領主に与えた買戻し貸付金を農民は四九ヵ年賦で、利子とともに毎年六％ずつ返済しなければならなかった」（同）からである。

しかも、その返済は農民個人が行ったのではなかった。村（ミール）が新たに行政組織としての「村団」に編成替えされ、「分与地が農民個々人にではなく、村団との契約で、村団に一括して与えられ、逆に村団が義務の履行に責任を負ったことが重要である。第三段階以降の買戻し金の支払いにも村団は連帯保証の担い手となった」（同：二七五頁）。農民の村団からの「脱退には厳しい制限が課された」（同）。「農民分与地は、ひきつづき三圃制のもとで共同体の耕作強制のもとにあり、定期的割替が行われた」（同）のである。

「元農奴は、共同体へ登録されたことで負っていた個人的税負担と事実上同じ額を年賦の土地買戻金という形で政府に支払った。買戻金はチャグロにかかるその他の税（人頭税、共同体税、のちにはゼムストヴォ税）と区別しがたく、税全体の一部を構成するものとなった」（フリストフォフ、二〇一二：一〇四頁）。

そこでは、「農民だけでなく、財務機関もまた買戻操作を抵当権ではなく国家課税の一種と見なしていたことは驚くにあたらない」（同：一〇五頁）。それは、「課税改革のために必要なインフラストラクチャーが農村には事実上皆無であったからである」（同）。それというのも、「分与地は恒常的な境界をもたず、共同体の多くの土地の中に『溶けて』しまうからである。行政にとってずっと簡単な方法は『すべてをそのままにしておく』ことであった[3]」（同：一〇六頁)。フリストフォフはさらに、「これらの問題全体はストルイピン改革まで存続し続けただけでなく、その後も生き残ったことを付け加えておく」(同)と述べていた。

このように、ロシアの農奴解放は、実質において地租改正と同様の租税改革だった。農奴は人格的自由と引き換えに、領主に支払ってきた貢租を今度は分与地の買戻金年賦返済として、「地租」のように国家に支払うことになった。ただし、土地割替と村の連帯責任というそれ以前と同様の〝緊縛〟を伴ったままだったことが、地租改正とはまるで違う。

そのために、地租と買戻金返済とは似ていても、それが農村と農民に与えた影響は両国で大きな差となって現れるのである。いずれにしても、山田盛太郎が地租改正に対して与えた「隷農制的=半隷農制的従属関係の再編成」(山田、一九三四：一八四頁)という定式化は、ロシアの農奴解放にこそぴったりと当てはまるものだったのである。

日本

日本では、「地券調査」で決定した地価に三%をかけた額を地租として徴収する地租改正法が一八七三(明治六)年に制定された。それは、大久保利通(次頁図12)や伊藤博文などを含む岩倉使節団が欧米巡回中の「留守政府」の下であった(奥田晴樹、二〇〇四：六五頁)。大隈重信が「鬼の留守に洗濯」（田中、二〇〇二：二八頁）と称したように、この留守政府こそ、旧幕臣ら開明官僚が政府内の派閥対立に煩わされることなく、大胆な改革を実行する絶好の環境となったのである。

当初、地租改正事業の意図に「旧貢租歳入額の維持」の考えがあったことは間違いなかった。しかし、この年一〇月には征韓論をめぐる政変（西郷隆盛の下野）が起き、翌年には「佐賀の乱」、「台湾出兵」と明治政府は国内外の深刻な問題に直面し、当然のように地租改正事業も停滞した（同：六八頁）。

改組事業が本格的に動き出すのは、大久保利通が「台湾出兵」をめぐる日清交渉から帰国し、一八七五（明治八）年から改組事業の直接指導を始めてからである。征韓論に対しては内治優先を主張した大久保利通が「台湾出兵」には推進側となったのは、それが琉球王国の帰属という主権国家として譲れない領土問題が関係していたからであった（玉、二〇一一a：一六頁）。

図12　大久保利通（1830〜1878)。地租改正は大久保利通の強い意志で成し遂げられた。

福沢諭吉が『文明論之概略』（福沢、一九三

一）で、「今の世界は商売と戦争の世の中と名くるも可なり」（同：二一一頁）と述べたように、欧米中心の「主権国家システム」への参入とは、商売（貿易）と戦争ができる国内体制の構築であり、そのための必須条件こそ、世界に通用する貨幣制度と徴兵制を担保する「租税国家」の構築であった（中野、二〇一六）。それゆえ大久保は、戦争へ発展したかもしれない清国との交渉を終えて、「租税国家」を早期に確立する決意を固めたに違いない。三月に地租改正事務局が設置されると大久保自身が総裁となり、「地租改正法の漸進主義の作業方針は撤回され、拙速主義へと転じ」（奥田晴樹、二〇〇四：六九頁）て、事業は本格化するのである。

この地租改正事業は、県を実行主体として区戸長や「人民」を動員し、いわゆる「地押・丈量」、すなわち、土地利用の確認、隠地・脱漏地の把握、地形・形状の確定による毎筆の面積の確定、肥瘠や運輸の便否の判定からの村位確定、小作料を基準とした地位等差の設定と地価算出という煩雑、膨大な作業であった。それは太閤検地がそうであったように、地元農民の協力が不可欠であり、かつ収穫高をめぐっては、農民と政府の利害が対立する関係にあり、事業の遅延はやむを得ぬものがあった。しかし、大久保総裁、御用掛大隈重信、三等出仕松方正義という錚々たる顔ぶれで地租改正事務局が発足し、各県に原則二名の判任官を配置し、本局の奏任官をその管理職として地方に派遣する体制が敷かれ、最大時は一二〇名の所員で事業の推進が図られたのだった（滝島、二〇一八：三九―四一頁）。

しかも、その実施にあたっては「初動より、実務執行の責任を負う県の判断の自主性を縛ることなくむしろ優先し、小倉県も、区戸長以下の調査担当者と、なにより『人民』の意向を尊重し、合意の形成に最新の注意を払った」（同）のだった。しかし、当初予定の一八七六（明治九）年にはとても完了できなかった。この年は、廃刀令や家禄・賞典禄廃止を契機とした士族反乱、さらに「地租改正反対一揆[4]」も各地で起き、政情が不安定であった。このある意味で事業の完遂が危ぶまれる事態に大久保利通が下した決定が地租の軽減、すなわち地租税率の三％から二・五％への引き下げだった（同：五二頁）。この決断に、地租改正の完遂に日本の行く末が託されていると考える大久保の並々ならぬ決意が示されていた（同：五二―五三頁）。

この地租軽減税率の適用が「改正未済の府県での諸調査の進捗を促す効果があった」（同：五三頁）ことは言うまでもない。それでも、西南戦争中の一時中断もあり、改組事業は一八八一（明治一四）年六月の地租改正事務局閉鎖まで続いた。その間、事務局所員は全国を駆け回った。一八七七（明治一〇）年を例にとると、在籍数一〇〇名以上で延べ派出日数は六月末までの半年間で二一、一一四日（三府三一県）に及んでいた（同：三九頁）。

一八七三（明治六）年の地租改正法制定以来、世紀の大事業は八年かかって終わった。他方で、ロシアの農奴解放は、分与地の農奴による「買戻し」が旧領主の意思に委ねられていたため、「解放の完成は緩慢にしか進行しなかった」（和田、一九七一：二七四頁）。その進捗は、一八七〇年で六六・六％、八一年でも八五・七％であった。そこで一八八一年の法律で八三年一月をもって一〇〇％とすることが決められ、これが農奴解放完成の日付となった（同：二七五頁）。そこまでに二二年もかかっていた。

第四節　結果とその影響

日本

地租改正の結果、「課税面積は三九二万町歩から一、二四八万町歩へと約三倍に増加、地租総額は五、二三七万円から四、一二二万円へと二一％減少した。課税面積の大きな増加は山林原野が課税地に加えられたためであり、新地租総額の九〇％にあたる三、七〇六万円が田畑地租であった。地租総額は二一％減少したが、これに地租三分の一の地方付加税を加えると、かえって五％増加した」（財務総合研究所、一九九八：九二―九三頁）。

これと合わせて、全国に一、五〇〇以上あった雑税が廃止され、国税は酒類税ほか一三種に整理された。こうして「幕府時代以来の税制が統一的に再編され、地租改正とあいまって、全国的な統一税制が実現した」（同：九四頁）。「租税国家の成立」である。

というのは幕藩体制は、「主権者が世襲的な領土に対して、上位所有権を有する家産国家」（木村、一九五八：六八頁）であり、だから公と私が未分化であった。「租税国家」では、国家が「人や領地からなる財産や、個別的な特権を放棄し、もっぱら、課税権―それは最高の国家主権から派生する―によって、自己の職能を遂行する」（同）のであり、そこではじめて公と私の分離は完成される。さらに、「租税国家では、生産活動を私経済的な企業にまかせ、国家は生産したものを事後的に、強制的に、徴収する」（同：七〇頁）。それゆえに、「租税国家」では「営利、契約、所有、相続の自由が認められ、正当に獲得した私権を保護するために、幾多の立法的措置が講ぜられる」（同）のである。

しかし、この与えられた商品生産者としての自由こそ、地租改正後の農民たちにとっては生存にかかわる苦難の元凶となった。一八八一（明治一四）年の政変で大蔵卿大隈が追放され、新たに大蔵卿となった松方正義による松方財政の開始により、日本経済は西南戦争（一八七七年）後のインフレから一転して一八八二（明治一五）年から三年間、激しいデフレに見舞われることとなった。「松方デフレ」である。

一八七八（明治一一）年に石当たり六・二二円だった米価は一八八一（明治一四）年には一一・五円まで一・八倍にもなったが、一八八四（明治一七）年には半額以下の四・九六円へ惨落し、一八八九（明治二二）年まで五円前後で推移する（櫻井、一九八九：二四頁）。その間に一八八四（明治一七）年の地租条例で地租は固定された。ロシアとの比較で重要なのは、そこで農村に生じた事態である。

この地租改正後の事態を「資本の本源的蓄積過程」（平野、一九三四：四頁）、すなわち「土地を離れた小農民を累積的にプロレタリアートに転化せしめる」（同：三頁）過程として分析したのは平野義太郎だった。平野はまず有業者人口の内、「農業」が一八七三（明治六）年の一、五三二万人から一八八三（明治一六）年の一、六八六万人へと、一〇年で一割も増加した事実を示す（同：一〇頁）。幕末に西日本から始まっていた日本の人口増加は、明治以降に全国的に急増を開始したのである（玉、二〇二一a：三二頁）。後述のように、この人口増加については、農奴解放後のロシアも同様だった。

その上で平野は、地租・地方税・区村費の不納による公売等処分の激増（一八八三年三・三八万人から一八八五年一〇・八万人）、土地抵当負債高の激増（一八八五年二・三三億円から一八九〇年三・四四億円）、地所質入書入件数の激増（一八八七年質入二・七万件、書入三五万件から一八九三年同四・四万件、八〇万件)、土地売買件数の激増(一八八七年六八万件から一八九一年一七一万件)等のデータを示して(同:五五―六〇頁)、多くの耕作農家が松方デフレの下で負債を負い、土地を手放して小作農や労働者に転落したとした。

しかも、没落は低階層にとどまらず、「地価五円以上を納める選挙権者数の激減」(一八八一年を一〇〇として一八八八年八三、一八九四年五九)、「地価一〇円以上を納める被選挙権者数の激減」(一八八一を一〇〇として一八八八年九一、一八九四年六五)等から(同:六二―六三頁)、中小地主および中間農民層にまで及んだとした。さらに平野は、「自作農の破滅による小作農の増加・自作兼小作農の増加・小作地の累進的増大、兼業農家の増加、上層自作農(中農・富農)の発展、土地兼併による大地主の増加(土地集中)・雇役農・農村賃労働者の増大」(同:六六頁)もデータを示し、小作地増加と地主小作関係の拡大を論じた。

最後には、没落農が都市の日傭稼ぎ、炭鉱夫、北海道漁場労働者、また地方のマニュファクチュアや都市の工場の不熟練労働者、そしてハワイ・北米、北海道移民の供給源だったとしたのである(同:七四―七五頁)。

次頁**表2**は、所有権を、法と契約と慣習に従う限り自由に利用できる「残余制御権」と債務履行後に残る利益を受け取れる「残余請求権」を束ねた権利として、江戸時代と地租改正後を

表２　江戸時代と近代の所有者・権利者の諸制限

		江戸時代（農民）		近代（所有者）	
残余制御権	作付品目の自由	△	田畑勝手作禁止令	○	田畑永代売買禁止令撤廃
	土地売買の自由	△	田畑永代売買禁止令	○	田畑勝手作禁止令撤廃
	土地売買の範囲	△	村に限定：村役人による登記・公証	○	制約なし。国家による登記・公証
	所持の継続	△	地域により割地慣行あり	○	割地の廃止（一部地域残存）
	質地の所有権	△	無年季質地請戻慣行	○	地所質入書入規則
残余請求権	残余請求権	○	定免制	○	金納定額地租
	減免請求権	△	不作時の破免あり	×	

出所：坂根・有本（2017）p.158、表3-1より。

比較したものである。この表からも、地租改正は江戸時代には一定の制限（保護の意味も持つ）があった「農民の所有権（残余制御権＋残余請求権）を追認」（坂根・有本、二〇一七：一五九頁）したものであった。かつ「国家が全国津々浦々のあらゆる土地の所有権を地券により登記・保護すること」で、「村境を越えた土地取引の安全が確保」（同）されたのだった。

　松方デフレ後に農村で起きた劇的変化は、身分制の廃止や職業選択の自由とともに、確立した近代的土地所有の下で市場経済の冷徹な分解作用が働いた結果であり、その原因を「半封建的

表3　1878年のロシアにおける土地所有の内訳

（単位：百万デシャチナ。1デシャチナは1.0925ヘクタール）

区分	面積・比率（%）	区分	面積	比率（%）
私的所有地	93.4	個人所有地	91.6	23.4
	23.8	共同体・会社有地	1.8	0.4
共同体利用・所有地	131.4	購入地	0.8	0.2
	33.6	分与地	130.6	33.4
官・皇領地・その他	166.4 42.6	官有地	150.4	38.5
		皇領地	7.4	1.9
		その他	8.6	2.2
合計	391.1		391.1	100

➡

区分	面積	比率（%）
貴族	73.2	79.8
商人	9.8	10.7
町人	1.9	2.1
農民	5.0	5.5
その他	1.7	1.9
合計	91.6	100

出所：菊地（1964）p.487、第81表より。

土地所有制」や「封建的＝半封建的地代形態」の力に求めるのは笑止と言うしかない。では、農奴解放後のロシアはどうだったのだろうか。

ロシア

表3は農奴解放後の土地所有である。(5) 面積の最大は官有地だが、これは「そのほとんどが極北部の四県に偏在する森林や農業不適地（ツンドラ、沼地など）」（佐藤、二〇〇〇：一三一頁）であって、やはり重要なのは、私的所有地の中の個人所有地の七九・八％が貴族所有という点である。先述の三分の一の「留保」である。その際、貴族が

「良質の土壌の土地を取得していたこと」（同：一四二頁）は当然である。旧農奴が買い戻す「分与地」は、新たに村団の「共同体利用・所有地」となった。その面積が貴族所有面積の二倍に満たないのは、法定分与地を超過する部分が「切取地」として領主に返還されたからだった（同：六九頁）。

実際に、「農民に分与された土地面積の平均は、解放前の農民地面積より小さく」、「人口調査登録農一、〇〇〇万人余の九五・二パーセントは六デシャチナ以下であり、二〜四デシャチナの保有農民だけで全体の五四・二パーセントを占めていた」（田中ほか編、一九九四：二一四頁）。農奴解放後には、全国で農民騒擾が発生し、「この農民の騒擾鎮圧のために大量の軍隊が導入された」（同：二二二頁）のである。

さて、日本の地租改正が「全国的な統一税制」の礎石だったとすれば、ロシアの農奴解放は「国家構造全体を再編する礎石」（吉田、二〇〇七：七三頁）だった。事実、「農奴解放を皮切りに、体刑の廃止、大学の自治、ゼムストヴォ改革、検閲改革、司法改革、軍政改革（国民皆兵制の導入）、市制改革などの諸改革がアレキサンドル二世治世の前半におこなわれた」（同：六七頁）。それはある意味で、「専制がその拠り所としていた身分制に代えて市民社会の枠組みを作ることで旧体制をつくりかえることをめざしたものだった」（吉田、二〇一七：三三頁）。

しかし、農民だけは、先述のように「個人として解放されたのではなく、身分的・共同体的自治機関、村団の一員として解放された」（和田、一九七一：二七五頁）のだった。その村団の上には、数個の村団で構成される身分的自治組織として「郷」が置かれ、一〇戸に一名の戸主で郷会が組織され、そこで選出された郷長と郷裁判所が設けられた。軽微な民事・刑事事件はこの郷裁判所で処理された。

つまり、「ロシア総人口の圧倒的多数を占める農民身分が、一般民法の適用除外となり、彼ら自身の慣習法の規制をうけることとなった」（松井、一九七八：一一八頁）。言い換えれば、旧農奴は農奴解放後も依然として村団と郷に登録された「農民身分」であり、この身分からの離脱は「かなりの制限が加えられていた」（和田、一九七一：二八〇頁）のである。[6] 要するに、農奴解放は擬似的な税制改革だっただけでなく、「市民社会の枠組み」の創出もまた農民・農村を除外した擬似的なものでしかなかったのである。

それでも、この農奴解放令の公布以降、ロシア農村には大きな変化が起こった。まず「農村人口が急激に増加した」（佐藤、二〇〇〇：七頁）のと、「農民家族分割の異常な激化」（松井、一九七八：一一七頁）である。おそらく、この両者は表裏の関係だろう。日本でも江戸時代には村（ムラ）の規制で制限されていた分家が明治以降に徐々に広がったように、ロシアでも農奴解放後に村（ミール）の規制が弛緩したことにより、家族分割と表裏一体で人口増加が進展したと考えられる。

しかし、問題はこの人口増加がもたらした「土地不足」という事態だった。なぜなら、人口増加は、村団内のドゥシャー数＝担税人口（乳児から老人までを含む全男性）の増加であり、チャグロ（夫婦数または労働年齢に達した男性人口）の増加でもあった。だから、どちらを基準とするにせよ、土地割替の度に一人ないし世帯当たりの分与地面積が縮小したのである（佐藤、二〇〇〇：一〇八頁）。その際、「同一の地域内でも『ドゥシャー分与地』が広いほど人口が急増し、分与地が急速に縮小した」（同：一〇九頁）。言い換えれば、「より広い分与地を所有する共同体や農民世帯ほど零細化が急速に進行した」（同：一一〇頁）。

その結果、一八六一年から一九〇〇年までの四〇年間に、ヨーロッパ・ロシア（五〇県）の主要穀物純生産は五四・四％増加したが、それは主には播種面積拡大によるものであり、農村人口一人あたりの穀物生産量は低下していった（同：一二四頁）。しかも、それには明確な地域差があり、「農業生産が停滞的な様相を示したのがロシア帝国の東部、すなわち本来のロシア諸県であった」（同：一二五頁）。

これに対し、「白ロシアを含めても西部地方（世帯別ロシア）が全体としてロシア諸県（オプシチーナ的ロシア）よりも順調な発展を示した」（同）。ここで、「世帯別ロシア」とは、一八世紀以降にロシア帝国領に軍事的に編入された沿バルト、リトアニア・白ロシア、ウクライナなどの「中世にドイツ法の影響下に『世帯別土地所有』（世襲フーフェ）を導入」（同：八頁）していた地域で、そこでは土地割替はなされず、「一子相続制」に基づく土地の世襲的占有がなされていた。日本のように。

これに対してロシア中心部の「オプシチーナ的ロシア」では、三圃制と定期土地割替制のまま農民が村団に囲い込まれ、家族分割・人口増加と共に一人あたり耕地の零細化と農業生産の停滞が進行していた。日露戦争に敗北し、「血の日曜日」に始まる一九〇五年革命の後、ストルイピン首相の下で「一九〇六年にロシア政府は伝統的な土地政策に別れを告げ、共同体の解体策（私有化）の一歩を踏み出した」（同：一〇頁）。それは、「帝国の西部地方に存在してきた農業制度の土台―世帯別土地所有（世襲フーフェ制）―をロシア諸県に導入する」（同）ものだったことは、以上の経緯からして当然の成り行きだったのである。

ちなみに、ほぼ同じ時期（一八八〇～一九一〇年）の三〇年間に、日本農業は明治農法が普及し、米の生産高が二、九七五万石から五、〇五三万石へと七〇％も増加した。その際、米作付面積の増加は一六％で、増えたのは一・一七石から一・七一石へと四六％も増加した米の反収だった。その間の農業就業者数は一、四六六万人から一、四〇二万人に微減しており、一人あたりの米生産量が七〇％以上増加したことになる（坂根・有本、二〇一七：一五三―一五五頁）。そこでは間違いなく、江戸時代以来の「『家』存続のために農民があらゆる努力を払う『家』インセンティブ」（同：一五八頁）が作用していたのである。

第五節　イエ原理 vs 勤労原理

家永続の願い

以上の農奴解放と地租改正の結果を農民の〝価値規範〟という観点から比較してこの章のまとめとしよう。「農民問題において『小農』の範疇の検討が全問題解決の鍵である」（山田、一九三四：vi頁）と述べたのは山田盛太郎だった。この観点に立って山田は、地租改正について本書の冒頭で紹介したような結論を導いていた。再度、引用すれば、地租改正後の日本農業は、「封建的＝半封建的地代形態をとる所の、半封建的土地所有諸関係＝半農奴制的零細農耕、かくの如き狭隘な土地所有＝農耕の関係においては、独立自由な自営農民の成立の余地なく、従って、小農の範疇は成立の余地なく（農奴制の解消形態たる雇役制度と債務農奴態とを特徴とする旧露との相似〕〔土地改革を一応完了せる西欧との差異〕」（同：二一五頁）である。

確かにロシアでは、旧農奴が買戻金支払いのために「農民身分」のまま村団に縛られ、松方デフレ後の日本農民のように都市の日傭稼ぎや不熟練労働者になる〝自由〟すらなく、村団の下で三圃制と土地割替を続けていた。これが、徳富蘇峰が「憐れなる」と評したロシア農民の実態だった。そこに「独立自由な自営農民の成立の余地なく、従って、小農の範疇は成立の余地」がなかったことは間違いない。山田盛太郎の指摘した「半農奴制的零細農耕」とは、まさに農奴解放後のロシア農民の姿だった。

これに対し、日本では、一八八二（明治一六）年の時点で、耕作農民の七八・五％が近代的な意味での農地所有者[7]（自作農三九・八％、自小作農三八・七％）となり、商品経済の冷徹な分解作用を被りながらも、家族労働力に依拠しつつ市場経済に対峙する経営主体として立ち現れていた。そこから、後に栗原百寿によって「小農標準化傾向」として検出される一～二町耕作規模の自小作専業の家族経営が立ち現れてくるのである[8]。それは、日本に「小農」範疇が成立していた証であり、実は山田盛太郎も後に中国農業との比較で、それを認めていたのである[9]。

重要なことは、その「小農」の起源が「近世」後半の「家（イエ）の永続」という価値規範を持つ「農家」の成立に求められることである。深谷克己は、「近世後半になると、農書などにおいても『農家』という表現が広まるが、ここでは経営のなかに育児・養老など生老病死にかかわる生活事象のすべてがふくまれる」（深谷、一九九三：四二頁）と述べていた。

その際、江戸時代の「百姓の家とは、家産・家業・家名などを、運営主体たる家長の家族内において、基本的には父兄直系のラインで代々継承することによって、超世代的な永続を希求する社会組織」（坂田、二〇一六：二六頁）とされている。その重要な点は、次の二つである。

第一は、家（イエ）は決して農家だけではなく、武士、貴族、商家、芸能の家（イエ）にも見られた日本社会を特徴付けるものであって、要は「家族によって所有され世代間で継承される社会組織」（加藤、二〇一六：三二八頁）ということである。だから、農家も「公的には村社会における権利・義務の単位、私的には家長の家族を中核とする経営組織」（坂田、二〇一六：二六頁）であった。

第二は、家（イエ）＝「単独相続」という俗説である。柳田国男も、「もとはやや冷酷な家の法則があって、資産を均分して一門の主力を弱めることを許さなかった。それが農村においてはまず少しずつ自由となって、対等に近い分家は追い追いに起こり」（柳田、一九九三：二八〇頁）、と『明治大正史世相編』の中の「家永続の願い」というエッセイで書いていた（次頁図13）。明治以降、死後相続は単独でも、生前分与による分家は広がっていた。それが人口増加にもつながっていた[10]。しかし、そうであっても、家（イエ）の最重要な価値規範が家産としての土地を守り、次の代に継承することに変わりはなかったのである。

勤労原理

これに対して、ロシアの近世農村を支配していた価値規範は、「労働が唯一の、正しい所有の源泉である」という〝勤労原理〟だった（吉田、一九九九：一六九頁）。ロシアの場合、「農民は、人間の労働により生産された物に対する所有権にほとんど宗教的な敬意を表す」（同）。象徴的な例が盗耕である。「民衆法廷（郷裁判所）は農業における労働の第一的役割という慣習的観念に従い、他人の所有物（耕作地：玉）を契約なしに利用する際においても投下した労働に対する報酬を認める」（同：一六八頁）のである[11]。

この原理は、農民家族の財産・相続関係も当然支配する。「財産は家族の全員の共同労働の結果であり」、ゆえに「共同体は、

277　家永続の願い

第九章　家永続の願い

一　家長の拘束

珍しい事実が新聞には時々伝えられる。門司では師走なかばの寒い雨の日に、九十五歳になるという老人がただ一人傘一本も持たずにとぼとぼと町をあるいていた。警察署に連れて来て保護を加えると、荷物とては背に負うた風呂敷包みの中に、ただ四十五枚の位牌があるばかりだったという記事が、ちょうど一年前の朝日新聞に出ている。こんな年寄りの旅をさまよう者にも、なおどうしても祭らなければならぬ祖霊があったのである。われわれの祖霊が血すじの子孫からの供養を期待していたように、以前は活きたわれわれもそのことを当然の権利と思っていた。

死んで自分の血を分けた者から祭られねば、死後の幸福は得られないという考え方が、いつの昔からともなくわれわれの親たちに抱かれていた。家の永続を希う心も、いつかは行かねばならぬあの世の平和のために、これが何よりも必要であったからである。これは一つの種

図13　「家永続の願い」柳田国男『明治大正史世相編』講談社学術文庫。

息子が親家族との同居に不都合である時には親から独立させるのみならず、財産形成に息子が投下した労働に見合う分の財産を与えさせる」（同：一七〇頁）のである。死後相続でも、遺言は尊重されず、均分相続が支配的である。この点において、日本とロシアの農業は決定的に異なるのである。

引用文にあったように、家族分割には村（ミール）の許可が必要だった。村（ミール）が納税に連帯責任を負うからである。農奴解放以前のロシア農民家族は、「家父長的複合家族」や「アルテリ（共同組織）」型家族などと言われたが（松井、一九七八：一二三頁）、要するに兄弟や親子などの複数家族で構成されていた。だが、農奴解放令以降、家族分割の激増となる。おそらく複数家族における家長の権威を支えていた「農奴主的、国家的後見」がなくなったからである（同：一二五頁）。しかし、重要なことは、こうした変動においても、「家族財産の共同所有と均分相続の慣行は、それ自体、微動だにしなかったという点」（同）である。勤労原理は時代の変容を受けつつも農民家族に生き続けた。それは、イエ原理が明治以降も、戦後までも生き続けるのと同様である[12]。

重要なことは、ロシアの近世農業を特徴付ける土地割替と勤労原理との親和性である。日本の割地慣行のように農家の持分で土地を再配分するのではなく、家族数に合わせて再配分するのである。あくまで〝人〟が単位である。だから、土地割替制が勤労原理の生命力を育んだのかもしれない。言い換えれば、ロシア中心部に、日本の家（イエ）の土地といった観念は育ちようがなかった。しかも、農奴解放後も買戻金支払いのために土地割替は継続した。だから、共同体を破壊して「世帯別土地所有」を導入しようとしたストルイピン改革が上手くいくはずもなかった（田中ほか編、一九九四：四〇九頁）。特に「北部、東北部では、その割合はより低く、昔からの農村共同体の生活がよく維持されることになった」（同）のである。土地国有化を柱とする「ロシア革命における農民革命」（和田、一九七八）が起きるのは、こうした状況下においてであった。

注

（1）この戦争がヨーロッパ史にもつ歴史的意味は、ヨーロッパの主要国の間で闘われたという意味で、「第一次世界大戦の先行者」（和田、一九七一：二四八）だったことにある。また、ロシアの狙いは穀物輸出における黒海ルート確保のためのボスポラス、ダーダネルス両海峡の制圧にあり、したがって激戦地は、かつてエカチェリーナ女帝がクリム・ハン国を併合して建設したセヴァストーポリ要塞となり、その籠城戦は一八五四年九月から翌年八月まで三四九日間も続いた後、ロシア軍がそれを放棄してクリミア戦争の帰趨も決まったのだった（同：二五一頁）。

（2）これに対して地租改正の地券交付に代償などなかった。しかし、領主階級は、フランス革命のような無償没収ではなく、秩禄・金禄公債を交付されて明治政府の財政に重くのしかかり、その負担は地租の形で農民に課せられたという主張は一応、成り立つだろう。しかし、その場合、地租が旧貢租に対して「一、一一四万円の減租」（奥田晴樹、二〇〇四：七六頁）となった事実はどう説明するかに答えねばならないだろう。

（3）ただし、耕地の境界の有無は、地域によって異なっていた。西部地方（リトアニア・白ロシア・ウクライナ）では、「各農民経営主がこの境界の中で自分に属し、決して変わることのない、等しい面積の屋敷地と耕地を受け取る。さらに採草地と牧草地は全村落の共同地を構成する」（佐藤、二〇〇〇：二七頁）慣行が支配的だった。要するに、この地域は日本と類似していた。

（4）その際、「地租改正反対一揆」も、「地租改正という国策を拒否し、反発して中断や撤回を求める」（滝島、二〇一八：五二頁）ものではなく、「直接的には、『仮納』税額の算定に用いる石代価格などへの不服を要因としたもの」（同）だったと滝島功は述べている。

（5）菊地昌典（一九六四）の第81表では、単位が千デシャチナとなっていたが、吉川（一九二六）の一九〇五年の数字と比較して、明らかな間違いであるため、百万デシャチナに修正した。

（6）「脱退許可の条件は、(1)分与地を放棄すること、(2)一家はあらゆる面で滞納をもたぬこと、(3)個人的な罰金や義務を負っていないこと、(4)裁判や予審をうけていないこと、(5)両親が同意していること、(6)村団に残る家族員中の幼児、労働能力のない者の生活が保証されていること、(7)転入先の身分団体の加入許可があること、であった（第二〇八条）」（和田、一九七一：二八〇頁）。

（7）「三府二八県にかかる調査。第五『統計年鑑』八八頁」（平野、一九三四：六七頁）による。

（8）栗原百寿が当初の「中農標準化傾向」の用語をやめて小農範疇を提起し、「小農標準化傾向」という表現を用いるに至る思考過程については、玉（一九九五）の第四章を参照。
（9）山田盛太郎は戦時下に東亜研究所の専門委員として「満洲・河北農業事情調査」に従事し、「中国農業経済が『戸』として独立していないこと＝『中国稲作の根本命題』」（武藤、二〇〇三：二七七頁）の論証に、日本の「適正規模の農家」の範疇を使用していた。その場合、「『小農』の範疇と『適正規模農家』の範疇とは、表現の違いはあれ、同一の態様をしめしている」（同：二七九頁）。したがって、「日本に『小農』の範疇の余地がない、とした『分析』の根本命題」は、戦後には「新たに書き直されるべきであった」（同：二八〇頁）と武藤秀太郎は述べていた。
（10）この農地相続をめぐっては、戦前の日本農家は単独相続で、したがって農家数に変化はなかったという事実に反する主張が坂根（二〇一一）を代表として存在した。その間違いについては、玉（二〇一八）の第一部第一章を参照。
（11）加藤（二〇〇九）は、戦後、二〇〇〇年代の全国規模家族調査を使って、日本の家族は欧米的な「夫婦家族制」へ移行したとする通説を批判して、「日本家族は二一世紀初頭の現在においても依然として直系家族制のもとにある」（同：一五頁）と論じている。
（12）保田孝一は、この勤労原理について以下のように表現している。「ロシアの農民の土地観は、所有の唯一の源泉は労働であるという観念から出発していた。土地は人間の労働の産物ではない。それ故勤労者が、自己の労働の産物に対してもっている無条件の自然所有権は、土地にはありえないというのであった」（保田、一九七一：二八九頁）。

終章　「超連続説」の提起

この章では、本書のまとめとして、まず日ロ両国がイエズス会との対抗の中で主権国家を確立していく「近世化」に〝共通性〟を改めて確認する。次に、ロシアの近世農業が専制的体制の下での戦争と領土拡大から、土地ではなく人を掴まえる点に特質があり、それが〝勤労原理〟という農民の価値規範に帰結することを述べる。さらにその原理がロシア革命、コルホーズ、そしてソ連崩壊後にも生き続ける点を指摘して、「超連続説」を提起する。最後に、日本における〝イエ原理〟を遺伝子として「超連続説」を描く拙著『日本農業5・0』を紹介する。

日ロの〝共通性〟

本書の目的は、ロシアの農奴解放と日本の地租改正を一つの焦点に、日ロの農業史を比較して日本農業の特質をより鮮明にすると共に、新しい〝農業史像〟を提起することだった。それは両国の農業史における「近世」の意味を問い直すことでもあり、それゆえに本書では日ロ両国の「近世化」の比較から検討が始められたのだった。

この「近世化」の日ロ比較は、両国の〝共通性〟を探るためでもあった。本書全体を通じて思い知らされるように、大陸の国家と日本のような島国の国家では、その歴史は〝異質〟そのものである。大陸における民族の歴史は、ロシアがそうだったように、周辺の異民族との絶え間ない戦争、戦争、戦争の連続であり、それに比べれば、日本のような近代以前には二回のモンゴル来襲しか経験のない国は異例中の異例と言わねばならない。日本の歴史を語るときには、そうしたグローバルな観点と日本の〝異質性〟の自覚を持つことが必要不可欠だろう。

そのようにまったく〝異質〟なロシアと日本に、辛うじて見いだされた〝共通性〟が両国の

「近世化」だった。「近世」という時代区分は、かつては日本独自のものと考えられていた。しかし、「近世」は間違いなくグローバルな一つの時代を意味していた。

すなわち、「近世化」とは、世俗権力が暴力を独占して国家を形成し、それまで国家を超えて存在した宗教的権威・権力の普遍的支配をきっぱりと否定して、国家を「至高の」存在として、他の国家と対峙する国際関係の形成を意味していた。それを一言で言えば「主権国家の成立」である。

一六世紀から一七世紀にかけて、日本とロシアは、直接的にはまったく関係し合うことはなかった。しかし、西ヨーロッパを震源地とする宗教改革の波動が、両国を対抗宗教改革の中核組織イエズス会との宗教的、外交的、軍事的対決へと巻き込み、その対決を通して両国は自らを主権国家として成立させたという点で〝共通〟だったのである。

この西ヨーロッパを震源とする波動に遅れて取り込まれる両国の性格は、「近代化」の過程にも見られたものだった。大陸国家と島国国家、まったく〝異質〟な日本とロシアも、グローバル・ヒストリーにおける位置を探ると、いわば〝遅れてきた青年〟という〝共通性〟を持っていた。だから、サルキノフ・パノフ（二〇一六）は、「一六世紀から一九世紀前半にかけてのロシアと日本のアイデンティティーに関する比較研究から言えることは、それぞれの国に固有の独自性よりも、両国に共通している要素が多い、ということである」（同：六三頁）と、述べていたのである。

ロシアの近世農業

しかし、両国の近世農業については、まったくその性格が異なっていた。何しろ、ロシアには人頭税と徴兵制があった。それは国家が、直接〝人〟を、それも「男子」を掴まえていることを意味した。それは常に領土争いと戦争をしているロシアからすれば、当たり前のことだった。

なぜなら、土地というものは広さのみでは決まらず、土壌、傾斜、交通、水利、気候条件等々、地域ごとに千差万別のものである。それを日本の石高制のように統一的な基準でその産出力を掴まえるなど、常に領土を拡大しているロシアには無理である。それに対して、「男子」であれば、民族により体格に多少の差があっても、一人は一人である。頭数さえ数えれば、後は人数に比例して税金や兵士を割り当てればよいのである。こんな容易い方法はない。

しかし、それには刃向かう者も、逃げる者も当然出てくることになる。実際、農奴の逃亡こそがロシアの近世農業の重要な特質であり、その取り締まりが制度化される過程を通じて、ロシアの農奴制は強化され、奴隷制の性格を強めていった。

それは、ロシアの国家体制が分権的な「封建制」ではなく、ツァーリ専制だから可能だったことである。言い換えると、中央集権的なツァーリ専制によって、野村美優紀が言う「人間の生命を苛酷に扱い、人民を死の中へ突き落とす権利を誇示する」支配が継続できたのである。

と同時に、一八世紀以降のイギリスを中心国とした世界資本主義の発展も、ロシアにおける農奴の奴隷化に一役買っていたことも見逃されてはならない。西側の穀物市場に向けた領主直営地の発達はその一面であるが、日本の大名もそうだったように、市場経済の浸透が貴族や領主の債務を増大させ、農奴は抵当となり売買の対象にもなったのだった。

苛酷な農奴制を耐え抜く一つの方法は、負担を村（ミール）の中の世帯数のみならず、世帯の労働人口数に合わせて割って〝平等化〟し、諦めることだっただろう。チャグロにしろ、ドシャー（担税人口）にしろ、土地割替の基準もまた〝人〟だった。それが最も〝公平〟と観念された。だから、領主にとっても、この土地割替は不満を抑え込むのに有効だっただろう。

配分される土地が〝公平〟である以上、収穫物に差があったとしても、それは各人の勤労の結果であり、各人に帰属するのが当然である。ロシア近世農業の価値規範が〝勤労原理〟となったのも至極当然の結果だった。言い換えると、そこには家族世帯別の土地の私有といった観念は育ちようがなかった。これこそが、ロシア近世農業の考察から得られた最重要な結論である。

もちろん、それには地域性があり、一八世紀以降にロシア帝国領に軍事的に編入された沿バルト、リトアニア・白ロシア、ウクライナなどの「中世にドイツ法の影響下に『世帯別土地所有』(世襲フーフェ)を導入」(佐藤、二〇〇〇：八頁)していた地域は別である。しかし、ロシア帝国の東部、本来のロシア諸県においては、〝勤労原理〟に基づく土地割替が〝公平〟という観念と共に根付いていた。だから、農奴解放後も、賦課を支払う相手は領主から国に変わったが、村(ミール)による土地割替は継続されたのだった。この近世農業によって育まれたロシア農業の遺伝子が、その後のロシア農業にどのように作用するのかが次の問題である。

近世農業の遺伝子とロシア革命

「知られるように、ロシアに私的土地所有を導入し共同体を破壊しようとした一九〇六年のストルイピン改革の成果は、ロシア革命の過程で、農戸を土地利用の主体とする共同体の復活というかたちをとって概ね無に帰した。この過程で、それまで土地割替がおこなわれていなかった共同体においても割替がおこなわれるようになった。多くの地方で、割替の基準は農家のなかの家族メンバー数（「口数」）となった。ここにはこれを『公平』とみなす農民の観念が反映していた」（奥田央、二〇〇四：二頁）。

これは、奥田央「ロシアの『私的土地所有』：伝統と現代」（奥田央、二〇〇四）からの引用である。奥田央はさらに、「共同体的な農民の行動様式」や「農民の慣行、農民的な原理というものは、はたしてコルホーズ制度の上で簡単に死滅するものであろうか」（同）と問い、「全体としてコルホーズ制度に対応していたのは、はやくも農奴解放前の農民の志向であり、土地は個人的な所有にはなっていないが、農民はその利用の権利をもつという志向である」（同：三頁）というイリーナ・コズノワの文章を引用する。

要するに、「コルホーズは、形式的には共同体を破壊しながら、農民のメンタリティーを本質的には変えることができなかった」（同：三―四頁）と。そして、奥田央はここにソ連崩壊後のロシア農業の問題、すなわち、ソ連が崩壊し、コルホーズの従業者に「土地の持分に対する権利が無償であたえられた」（同：一頁）にもかかわらず、それが土地の私的所有に移行せず、「経済的関係の本質は以前のままである」（同）という問題を解く鍵を求めている。

実際にロシア農業は、制度的には一九九三年の憲法で土地私有が公認されたが、二〇〇九年時点でも「農地の圧倒的部分は、それ以前と同じく『農業企業』が利用を続けている」（野部、二〇一二：三七二頁）。この「農業企業」とは、ソ連時代の「集団農場」を改組したものである。これは、「『集団農場』の土地を直ちにその構成員に分筆し、家族農中心の農業構造へ移行した」（同：三六八頁）アルメニアやグルジアとはきわめて対象的だった。

この違いに対する本書の仮説は、当然、以下のようになる。アルメニアやグルジアとロシアとでは、近世農業のあり方が異なったに違いないと。要するに、ロシア農業には、「世帯別土地所有」という日本の「近世」にあったような家族農業の遺伝子はなかった。それに対して、一九世紀に入ってロシアに編入されたアルメニアやグルジアには、沿バルト、リトアニア・白ロシア、ウクライナなどと類似の「世帯別土地所有」に基づく家族農業の遺伝子が「近世」に出来ていたのだろう。本書は、それを確かめることまで立ち入ることは出来ないが、「超連続説」という新しい〝農業史像〟を提起することで、一つの解答としよう。

グローバル・ヒストリーとは、グローバルな観点からの比較を行うことで人類史の「大きなパターン」をつかみだし、その本質と意味の理解の仕方を解き明かすことだった。これまでの農業史は「発展段階論」というマルクス主義の歴史観に強く影響を受けてきた。その核となる発想が「封建制から資本主義への移行」だった。そのために、近代以前の社会、とりわけ近代以前の農業はおしなべて「封建制＝農奴制」とされ、その資本主義化が〝世界史の基本法則〟

と考えられていたのである。

山田盛太郎が「半封建的土地所有制＝半農奴制的零細農耕」（山田、一九三四：二一四頁）という表現を用いたのも、この歴史観に立脚したものだった。そこでは、封建的土地所有の否定としての農民的土地所有、さらにその発展としての資本主義的土地所有、社会主義的土地所有が展望されていた。

しかし、ロシア農業の今日の姿は、未だに近世農業の遺伝子に拘束されている。ロシア農業は、農奴解放やストルイピン改革、そしてロシア革命とソ連崩壊という変革の度に、それまでの農業を〝否定〟して新たな農業へと〝進歩〟したのではなかった。近世農業で育まれた遺伝子を〝保存〟しつつ、新しい環境に適応して〝進化〟して現在があると考えられるのではないだろうか。前者が、発展段階論の「機械論＝進歩の発想」による〝農業史像〟であるのに対して、後者は「生命論＝進化の発想」に基づく新しい〝農業史像〟の「超連続説」である。

日本農業５・０

ロシアの近世農業に対して、日本の近世農業は太閤検地に始まる村請制の下で、「公的には村社会における権利・義務の単位」であり、かつ家業・家産・家名の超世代的な永続を希求する〝イエ原理〟という遺伝子を持つ「農家」が広範に成立していた。この「農家」は、きわめて小規模であり、借金で農地を失い小作農に没落することもあったが、逆に農地を買い増して豪農や地主へと成長することもあった。そこでは、「『家』存続のために農民があらゆる努力を払う『家』インセンティブ」（坂根・有本、二〇一七：一五八頁）が日本農業の発展を支える拠り所となっていた。そしてまた、大正・昭和期には「小農標準化傾向」（栗原百寿）という進化を見せるのである[1]。

この近世農業の遺伝子が時代の変化に適応して日本農業は進化していくという歴史像を、筆者はすでに『日本農業5・0—次の進化は始まっている—』（玉、二〇二二、図14）において提示していた。

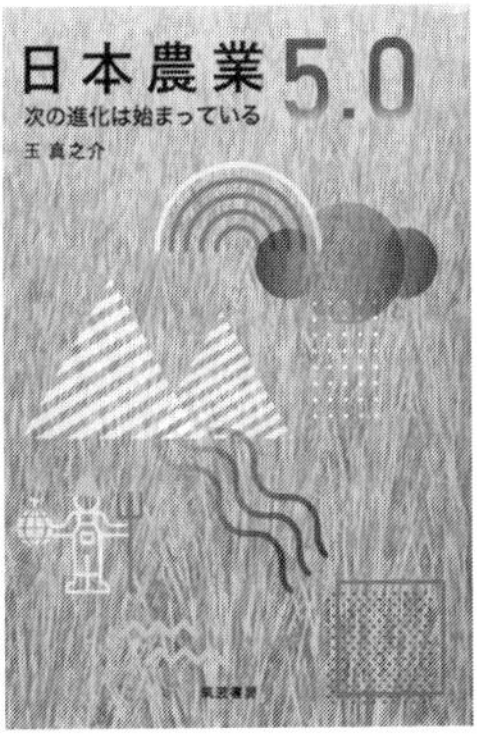

図14 『日本農業5.0—次の進化は始まっている—』

「今日につながる〝種〟としての日本農業は、江戸後期に『イエとムラ』という特質を獲得して成立した。それが日本農業の原型1・0であるとすれば、明治以降の自由貿易と人口急増の時代が2・0、総力戦体制および米ソ冷戦の時代が3・0、そして一九九〇年代以降のグローバリズムと少子高齢化の時代が4・0である。確かに、この4・0の時代に日本農業は、地方の雇用喪失から兼業機会が失われ、また少子高齢化と後継者不足によって農家数を激減させている。

しかし、その適応と進化が終わったわけではない。トランプ政権の登場と共に、世界はいまや米中新冷戦の時代へ、脱グローバル化へと向かっている（玉・木村、二〇一九）。それと時を同じくして国連『家族農業の10年』（二〇一九〜二〇二八）に示されるように、小農や家族農業の再評価も進んでいる（秋津編、二〇一九）。つまり今、日本農業は次の時代への適応と進化を始めているのだ」（玉、二〇二二a：五―六頁）。

このような「超連続説」に基づく日本農業史は、長く豊富な、かつ論争に満ちた農業史研究においても前例がなく、かなりの冒険と言えるものだった。序章でも述べたように、近代の日本農業の歴史は「地租改正」と「小作争議」と「農地改革」という三位一体のグランド・ヒストリー（日本近代史像）によって、「地主的土地所有」や「地主制」の支配と位置づけられてきた。そして、この歴史像が長く歴史教科書でも学校教育でも生き続けている。そこでは、明治維新の前と後、すなわち「近世」と「近代」は別の段階であり、農地改革の前と後、すなわち「近代」と「現代」も別の段階として非連続に扱われてきたのである。

繰り返しになるが、この歴史像で決定的な役割を果たしていたのが、地租改正を「隷農制的

＝半隷農制的従属関係の再編成」（山田、一九三四：一八四頁）とした山田盛太郎の定式化だった。本書が日ロの比較農業史、特にロシアの農奴解放と日本の地租改正を比較してみて明らかとなったことは、この定式化がロシアの農奴解放にこそ当てはまることだった。その反対に、日本の地租改正は「租税国家」構築のための近代的な租税改革であり、かつそれが太閤検地で近世日本農業の基礎単位となった村（ムラ）の自律性という基盤があって実現されたものだった。山田盛太郎の定式化はとんでもなく誤ったものだったのである。

実のところ、地租改正のこうした近代的性格は、今日ではすでに研究者の共通認識になっている[2]。しかるに、「小作争議」と「農地改革」という二大テーマに、これといった問い直しがないために、グランド・ヒストリーは未だに揺るがないのである。それなので、本書の「超連続説」という新しい〝農業史像〟の提起も一つの挑戦ではあるが、これで直ちに歴史教科書や学校教育におけるグランド・ヒストリーが揺らぐわけではない。引き続き玉（二〇二三a）で行ったような小作争議研究や、「農地改革の真実」をテーマとした研究が地道に継続されねばならない[3]。

とはいえ、今回、グローバル・ヒストリーという手法を使って日ロの農業史を比較してみることによって、太閤検地にはじまる日本の近世農業のユニークさがより鮮明にできたと言えよう。将軍や大名が所領を売買した例がないのに対し、百姓の間では質地を通じた実質上の所有権移動が盛んに生じていたこと、その領主—農民関係における領主団体と百姓団体との契約的性格、幕命による国役負担（百姓公役）が有償夫役だったこと、徴租法の中に百姓成立への配慮があったこと、などがロシアの近世農業との際だった違いだった。特に、ロシアの土地割替制と日本の割地慣行に、〝勤労原理〟と〝イエ原理〟の違いを見いだすことができた点は、本書の一つのハイライトと言えるだろう。

さらに、日ロの比較農業史から、徳富蘇峰や蘆花、佐藤尚武らの指摘がいずれも的確な観察であったことも確認できた。同時に、今日のロシアと日本における農業のあり方の違いは、近世農業にその起源があるという見方が、読者にとって少しでも納得できるものであるならば、本書がグローバル・ヒストリーに取り組んだ意味もあったと言えるだろう。読者からの感想・コメントを期待したい。

注

（1）呉・呉（二〇一三）によれば、中国の伝統社会における農民の「土地心性」は、「財産所有の多寡は各自の運命・知恵や努力と関連していると信じており、だから積極的に努力すると同時に分に安んじもするのである」。「農民について言えば、土地は売買によって獲得し、財産は頑張って働いて貯めるものというのが、最も基本的な道理であって、伝統社会で支配的な位置を占める土地秩序観もこれによって確立する」（同：一二五頁）と指摘している。この中国の伝統的な「土地心性」は、日本の小農的農業にも通じるところがあるかもしれない。

（2）地租改正研究の第一人者である佐々木寛司によれば、かつては「明治維新は絶対主義の成立であり、したがって、新地租は半封建貢租としての性格を有し、地租改正は農民的土地所有の形式的確認の上に、実質的には地主的土地所有＝半封建的土地所有を創出した」（佐々木、二〇一六：三八七頁）といった山田盛太郎以来の研究が圧倒的だったが、「今日では、地租改正の半封建的性格を云々する理解はほぼ姿を消し、地租改正の性格を近代的なものとして認識することが研究者の共通理解」（佐々木、二〇〇八：三頁）になっていると述べている。

（3）筆者による「農地改革の真実」と題した一連の研究（玉、二〇二〇〜二〇二三）は、農地改革は米ソ対立の枠組みの中で、コミンテルン発の「封建遺制」論という誤った認識に基づいて一〇〇万戸を越える中小の耕作地主、零細な不耕作地主を犠牲にマッカーサーの権力によって実施されたものであり、そうした地主の名誉の復権が果たされる必要があることを論じている。こうした農地改革研究は、本書と同様に前例のない研究である。

［補遺］「超連続説」と尾藤正英の「二時代区分論」

本稿脱稿後に、「超連続説」は、尾藤正英が三〇年以上前に提示していた日本史の「二時代区分論」とどこが違うのかと問われた。この問いに対して、以下「補遺」として答えてみたい。

まず、次に引用するように、尾藤の主張は本書の議論とほぼ重なるものだった。

「近世と、それ以前の時代との間に、日本の歴史を二分するほどの画期的な社会変革があり、それに比較すれば明治維新による変化も、あまり根本的ではなく、その意味で近世が現代に連続し、現代日本の基礎を形づくった時代であったことは、近年の学会では広く認められている。その画期的変革の内容が問題であるが、まず注目されるのは、近世社会の成立が、新しい統一的な国家体制の形成として実現された点である」（尾藤、一九八四：九三頁）。

さらに、尾藤は、近世以前の土地に対する賦課としての「年貢」と、人に対する賦課としての「公事（夫役）」が太閤検地で石高として統合されたところに「近世社会の成立を特徴づける兵農分離を実現させた条件があった」（同：九四頁）とし、この二つが統合できたのは、「農民をはじめとする庶民の社会における『家』の一般的成立に求められるべきであろう」（同：九三頁）と述べていた。

また、「ここでいう『家』とは、血縁の家族とは区別された意味で、柳田国男氏や有賀喜左衛門氏らにより、日本社会の生活の単位をなしてきたものとみなされた『イエ』であり、それは生産その他の社会的活動のための労働の組織として存続されることを基本的な性格としたから、その存続を支える家業の継続は、単系を原則としながらも、非血縁者（養子）による相続を許容し、また逆に、血縁者であっても、労働組織として必要な限度を超える人員は、半自立ないし雇傭労働力の形で析出・疎外される可能性をもつ」（同：九三–九四頁）と性格付けていたのである。

このように、尾藤の「二時代区分論」は明確に「近世が現代に連続し」、と本書の「超連続説」と同じ認識を示すとともに、そのメルクマールを「統一的な国家体制」、本書で言うところの「主権国家の成立」に求める点でも同じだった。さらに前後を隔てる太閤検地に意義に与えるところも同じである。その意味でも、本書は尾藤「二時代区分論」の継承者である。

思い起こせば、近現代農業史を専門として近世にまったく不案内であった筆者が、「超連続説」のような発想を抱くようになったきっかけは、尾藤正英『江戸時代とはなにか』（尾藤、一九九二）を読んだ時だったように思われる。第一章の注（6）でも述べたように、近世における「国民的宗教の成立」も「超連続説」にとってきわめて重要な意味をもつものである。

その上で、一つ指摘するとするなら、本書は日本から視野を広げて、グローバル「近世」という観点から「二時代区分」を日ロの共通性として論じた点が尾藤の認識を深めた点となるだろう。

その際、尾藤は「近年の学会では広く認められている」と述べているが、近現代史においては、決してそのようには言えない。再三指摘してきたように、学校教育や歴史教科書におけるグランド・ヒストリー（日本近代史像）は、明治維新と戦後改革で段階を画する発展段階論的な理解が依然として有力である。

それを踏まえて、もう一点指摘するならば、「イエ」の中身の理解は同じだが、成立時期については、尾藤とは見解を異にしている。その点、『日本農業5・0』の第一章で詳しく論じたように、筆者は「イエ」の前に「ムラ」の成立を重視し、その「ムラ」の規制の下で江戸後期に農家という「イエ」が成立するものと考えている。その意味で、太閤検地を実現させたのは、「『家』の一般的成立」ではなく、第二章でも述べたように、「イエ」の成立に先んじた中世後半に成立した「惣村＝村落共同体」だったのではないか。

さらにもう一点、「二時代区分論」は、日本史の大局的な捉え方であり、本書もその枠内にあるといってよいが、「超連続説」は、その中でも農業史の歴史像に焦点を当てたものであるのに加えて、日ロに共通するグローバルな歴史の本質と意味を提起するという違いがある。いずれにしても、以上のような点が、今後に論点として議論されていくことを願っている。

補章　中村政則のイタリア・ロシア・日本比較史をめぐって

この章では、中村政則「明治維新の世界史的位置―イタリア・ロシア・日本の比較史―」（中村政則編『日本の近代と資本主義：国際化と地域』東京大学出版会、一九九二）を検討する。実は、この論文を本書の原稿入稿後に発見した。そこでは、日本の地租改正とロシアの農奴解放が比較・検討されていた。

本書の執筆過程で、この基本文献を見落としたことは、研究史レビューの杜撰さとして恥じ入るしかない。しかも、日本経済史の大家の中村政則先生（以下、敬称略）の研究であり、第一に参照しなければならない論文であった。しかし、今さら本書の本文を改編することもできない。それなので、補章としてこの重要な先行研究を紹介した上で、その方法や観点を本書と比較し、その結論に対する見解を示すこととした。

「半周辺」型の提起

この論文で中村が強く意識しているのは、やはり明治維新を日本の近代化過程にどう位置づけるかをめぐる戦前来の論争である。それは封建論争とか、日本資本主義論争とか言われ、「講座派」対「労農派」に分かれて活発に展開された。本書で言えば、序章や終章で取り上げた山田盛太郎は、「講座派」の教祖的存在だった。そして、中村政則は、〝最後の講座派〟と呼ばれることを自らは否定しない研究者だったように思う[1]。

もちろん、一九九〇年代に入って、さらにソ連崩壊も見据えて書かれたこの論文は、問題の立て方もアプローチの仕方も過去の論争の蒸し返しではない。中村が新たに着目したのは、「改革と革命の両側面をもっていたことは誰しも否定できない」（同：四頁）という明治維新と同じ性格を、農奴解放にはじまるロシアの大改革にも見いだせるという点だった。だから、この両国の比較・検討をすることで、この「改革」と「革命」という二つの側面を二者択一ではなく、統一的に把握して理論化することも可能なのではないか、というのである。そうなれば当然、地租改正と農奴解放の比較・検討は最重要なテーマとなる。

中村がこのような観点に立ったのは、日ロ両国が、イタリアを含めて、「一八六〇年代から一九〇〇年頃にかけて、英・仏・独・米の先進資本主義国に対抗しつつ、統一国家を樹立し、資本主義的工業化を達成させた点で共通の特徴をもっている」（同）からである。この問題意識は、本書の序章における冒頭の記述と重なってくる。ただし、中村が立脚する方法論的立場は、本書が採用したグローバル・ヒストリーとは異なるものだった。

中村は三国比較史の前提として次のように言う。「一般に資本主義が成立するためには、どの国でもかならず封建的領主的土地所有が破棄されねばならない」（同：五頁）と。なぜなら、資本主義の成立には「『二重の意味で自由』な大量の労働者群をつくりだす必要」（同）があり、土地制度変革がこの「いわゆる本源的蓄積過程」の前提だからである。

これはある意味でオーソドックスなマルクス主義史学の観点といっていい。注目すべきは、その次にくる「その型は国によって異なっている」（同）という一節である。

この「型」ないし「類型化」という認識の仕方こそ、中村が山田盛太郎の「範疇（型の編成、型の分解）」論から引き継いだものだった。かつて「日本地主制」を「近畿型」、「養蚕型」、「東北型」で構成されるとした、あの「型」論である。この中村の十八番と言える「型」論を三国比較史に適用するために、中村がヒントを得たのが近代世界システム論による世界の構造的分類だった。

すなわち、近代世界システム論は一九世紀中葉の世界を、①「中枢的」国家群としての英・仏・米・独、②「半周辺的」国家群としてのイタリア・ロシア・東欧諸国・日本、③「周辺的」国家群としてのインド・中国などアジア諸国・アフリカ・ラテン＝アメリカ諸国、の三つの国家群で構成されるとしていた（同：一二頁）。中村は、そこからイタリア・ロシア・日本を同じ「半周辺」型として、「これら三国における封建社会から資本主義社会への移行、換言すれば、近代化過程の歴史的特質を相互に比較・検討する」（同：一三頁）としたのである。

農奴解放と地租改正

近代世界システム論の三つの国家群を三つの「型」として捉えるとすると、遅れて近代化に取り組む「半周辺」型国家には「英仏型のブルジョア革命が実現する世界的条件は失われ」（同：一二頁）ていた。つまり、もはや「英仏型の近代化のコースをとりえない」（同：一三頁）。しかし、「いわゆる本源的蓄積過程」は果たされねばならない。そこで重要となるのが、ロシアの農奴解放と日本の地租改正である。

中村は、この「農奴解放と地租改正の比較」から、まず改革後の「日本の農村とロシアの農村との構造的類似性を認めることができる」（同：六頁）と指摘する。すなわち、ロシアではあまりに「低い労働評価と高地代のゆえに農民は都市や南部の農場や炭鉱・工場などに家族員を出稼ぎに出して、家計補充的低賃金を得なければならなかった」（同：五―六頁）。同様に、日本の「下層農民は、ロシアの雇役農と同じように農業だけでは生活を維持することはできず、その子女を紡績・製糸・織物などの繊維工場に出稼ぎ労働力として送り出し、家計補充的低賃金を確保しなければならなかった」（同：六頁）と。これは山田盛太郎と同じではないか。

しかし、中村はすぐ続けて、「次の点で両国の地主制度は非常に異なっていた」（同：七頁）と、「構造的類似性」とは逆の〝異質性〟の方にむしろ焦点を当てる。第一に「ロシアでは農奴解放前の領主的地主がそのまま貴族地主として君臨したのにたいして、日本では大名領主や武士階級の地主への転化は基本的に阻止された」（同：六頁）。その結果、「土地所有者数を基準にみれば、両国ともに上層に少数の大土地所有者がいて、下層へいけばいくほど人数が増えるという、いわゆるピラミッド型の構成をとっている」（同：七頁）が、「これを階層内土地所有比率でみると、日本がピラミッド型の構成をとっているのに対し、ロシアでは逆ピラミッド型の構成をとっているという対照性を示している」（同）。

つまり、「日本では大寄生地主に属する地価一万円以上地主（約三〇〜五〇町歩地主）は、人数ではわずか〇・三％、土地所有面積においても七・九％にすぎない」（同）のに対して、「ロシアでは上層地主の土地所有規模は圧倒的に巨大であり、また総土地面積に占める大地主の比率も非常に高い」（同：八頁）。要するに、「日本に比較して、ロシアにおける大土地所有の圧倒的優位は明白である」（同）。「これに反し、日本では大寄生地主の土地所有比率はきわめて低く、中間的農民の層が厚かった」（同）。

第二に、「ロシアでは農奴解放後にもミール共同体が温存され、土地の割替・耕作強制のような共同体規制が農民に課されていた」（同：九頁）のに対し、「日本の農村にも村落共同体が存続し、農民にたいする共同体的規制がはたらいていたが、ミール共同体のような強い規制力はなかった」（同）。

第三に、「日露両国とも領主的土地所有を解消するにあたって、これを有償で買い取ったが、その方法が違っていた」（同）。ロシアは、本書で述べたように「地主に対して土地購入代金を支払わねばならなかった」（同）が、日本では明治政府が秩禄処分によって「旧大名領主、中・下級武士に年利五〜七％の公債を支給し、これを三〇年間で元利金を焼却することとし、農民には地券をあたえて、私的所有権を認めたのである」（同）。

このように、中村は本書よりも三〇年も前に、「農奴解放と地租改正は異なっていた」(同)という分析を明確かつ的確に行っていた。しかし、中村はこの結論から、この違いはなぜ生まれたかという〝それ以前〟に関心を向けるのではなく、「土地問題の解決の仕方のこの違いは、両国における国家財政、資本蓄積、資本主義発展のパターンの違いを生み出すはずである」(同)と、〝それ以後〟の方に関心を向けたのだった。

日ロの〝異質性〟と〝共通性〟

ここから、「国家財政の構造」、「外国資本の導入」、「イタリアと日本の資本蓄積」、「工業化資金の源泉」などに関する日露の違い、イタリアとの違いが順次検討されていく。この分析は、例えば、国家財政における日本の地租依存の高さに対するロシアの間接税比率の高さ、ロシア、イタリアの外資や外債依存に対する日露戦争以前の日本の外資・外債依存の低さなど、きわめて興味深い三国比較史となっている。

しかし、中村のこの論文の主旨は、こうした三国の違い、本書で言えば〝異質性〟の強調にあったのではなかった。むしろ、「半周辺」型としての〝共通性〟を見いだすことの方に焦点があった。それが「〝進んだ工業〟と〝遅れた農業〟」という構造(=「型」)の認識だった。中村は、日本とロシア、さらにイタリアの三国における産業構造を比較・検討し、そこにも不均等発展や資本主義の発達程度の違いを見いだしている。「しかしながら、〝進んだ工業〟と〝遅れた農業〟という格差構造は、イタリア、ロシア、日本三国に共通するものであった」（同：二六頁）という〝共通性〟を指摘して結論とするのである。

さらに、「この三国における資本主義の構造的特質は、これら三国における政治形態＝憲法構造にも反映しているはずである」（同）と、最後に三国の憲法体制が比較される。そこでも、イタリアは議会制的君主制、日本が外見的立憲制、ロシアは「日本のそれより専制的・権威主義的であった」（同：三二頁）と、三国の違いが析出された。しかし、そうした三国の違いも、結局は「『中枢』型の近代化に対比される『半周辺』型の近代化の一類型を代表する」（同）ものであったと、やっぱり〝共通性〟の確認となるのである。

その上で、「この『半周辺』型の近代は、他方で、欧米先進国への『追い付き型近代化』を基調としていたために、その背伸びのツケが早くも回ってこざるを得なかった」（同：三三頁）。つまり、イタリアと日本は、「第二次世界大戦での敗北で『近代化』（それは『現代化』との重層的展開を特徴とする）をやり直さねばならなかった」（同）。「最近の東欧・ソ連型社会主義の破産は、長い歴史的パースペクティブでみれば、実はこの『半周辺』型近代の構造そのものに由来していたと考えることができるのである」（同）。つまり、ソ連社会主義崩壊の原因も、この「半周辺」型の構造に起因するとしたのである。

ここに、農奴解放と地租改正との違いをはじめ、本書と同様に日ロの〝異質性〟を多数検出してきた中村は、日ロの「半周辺」型という〝共通性〟を最終的な結論とする。中村が日ロだけではなく、そこにイタリアを噛ませたのも、「第二次世界大戦での敗北」という帰結の〝共通性〟が日ロには無かったからだろう。

こうして、中村の「半周辺」型は「型」論として完成した。明治維新の歴史的性格という当初のテーマに立ち返るならば、要は英仏型の「ブルジョア革命」をなしえなかったツケが敗戦と戦後改革（「近代化」のやり直し）に帰結したというのである。同じ「半周辺」型のイタリアとソ連が辿った道によって、それは側面から証明されたわけである。

グランド・ヒストリー（日本近代史像）の問い直し

この中村の結論は、本書の「はじめに」で述べた日本の近代化に関するグランド・ヒストリー（日本近代史像）を再確認するものだったことがわかるだろう。要するに、明治維新に問題の起点を求めて、敗戦と戦後改革で完結する歴史像のことである。農業史で言えば、中村は

「地租改正を歴史的起点として創設された地主的土地所有」（同：三五頁）と表現している。やはり、地租改正が「地主的土地所有」による農村支配の起点であり、大正期以降の小作争議がそれへの挑戦、そして戦後の農地改革がその解決として完結する歴史像である。

このことは、中村がせっかく地租改正と農奴解放の比較から見いだした両国農業構造の大きな違いが、この論文の結論部分にまったく活かされなかったことを意味している。その点に関して中村は、「幕藩体制と明治維新との関係を射程に入れること」（同：三三頁）をこの論文の残された課題と最後に指摘している。なぜなら、「明治維新に先行する時代には、幕藩体制というユニークな構造をもつ封建制が前提としてあった」（同）。だから、「日本封建社会の解体の仕方そのものが、幕藩体制の特殊な構造に規定されていたのである」（同）と。

この指摘から、中村と本書との決定的な違い、並びに本書の終章における結論の意義が浮かび上がってくる。すなわち、「近世」と「近代」との連続性、言い換えれば、「近代」はすでに「近世」にはじまっていたということである。「近世」は、文字通りearly modern（近代初期）なのである。地租改正と農奴解放のあの決定的な違いは、「近世」の日ロ農業、並びに両国の徴租体制の違いがもたらしたものだった。つまり、日本とロシアは「近世」という時代に、すでに異なった近代化の道を歩み始めていたのである。

それは言い換えると、近代化を「封建制から資本主義へ」というシェーマで捉えるマルクス主義史学の限界とも言える。本書の第二章で論じたように、ロシアには封建制はなかった。「封建制から資本主義へ」というシェーマは、日本とともに封建制があった西欧を近代化のモデルとして基本法則化した西欧中心主義の史観にほかならない（今谷、二〇〇八）。その点に関して中村は、この論文のもう一つの残された課題として「東アジアを場として明治維新を捉えること」（同）を挙げていた。「なぜなら、イタリア、ロシアの経験はヨーロッパ世界の出来事であって、アジア的世界のそれではなかった」（同：三二頁）と。それは違うだろう。本書の第三章で述べたように、クリミア戦争にはじまる東アジアでの英ロ超大国の対決から、日本の明治維新も、その後の日清・日露戦争も生じるのである。

この中村の指摘が象徴するように、マルクス主義史学の決定的弱点は、おそらく一国社会主義を唱えたスターリンの影響だろうが、近代の世界史を「先進」、「後進」という各国のマラソンレースのように捉える点にある。本書がグローバル・ヒストリーの提起に関連して批判した一国史（世界史は一国史の束）である。その点では、中村の「中枢」型と「半周辺」型という「型」論も同じ一国史であった。

この点で近代世界システム論はグローバル・ヒストリーと重なる発想のものだった。その近代世界システム論を中村は、次のように批判している。「世界史のグローバルな把握に重要な貢献をおこなったが、個々の国ぐにの内部構造・階級構造の分析が手薄なため、おなじ半周辺的資本主義国家群に属していても、なぜ日・露両国が異なった近代化過程をたどったかを明らかにすることができない」（同）と。

それを言うのであれば、中村はなぜ農奴解放と地租改正があのように異なっていたのかを、問わねばならなかったはずである。中村は、「半周辺」型を一つの「型」として類型化するために、日ロを無理矢理同じ「型」としたが、両国の内部構造・階級構造は第二章で述べたように、すでに「近世」の時代に完全に異なっていた。両国に〝共通性〟を求めるとすれば、本書が第一章で論じたように、「鎖国」と「開国」という対照性はあれ、ほぼ同時期に「主権国家」として「近世化」を達成した点にこそあったと言わねばならないだろう。

注

（1）中村政則については、浅井良夫・大門正克・吉川容・永江雅和・森武麿編著『中村政則の歴史学』日本経済評論社（二〇一八）が詳しい。

あとがきに代えて

補章で中村論文と本書とを比較・検討できたことで、「超連続説」という本書の結論の意義がより鮮明になったように思う。思えば、筆者が中村政則先生を論評するのは、一九八八年の『歴史学研究』五八五号に公表した「『農民的小商品生産』概念について―中村政則氏の問題提起を受けて―」(玉、一九九四所収)以来となる。ほぼ三五年ぶりである。今回、改めて中村論文を論評する機会を得たことに、強い因縁のようなものを感じている。

というのも、筆者は一九七〇年代末に研究者としての歩みを始めてすぐに、中村政則先生をリーダーとする一橋大学の多くの近代経済史研究者と交流する機会を持つことができた。院生時代以来、筆者が理論的拠り所とした栗原百寿の遺児、栗原るみさんが一橋の院生であったこともあり、西田美昭・森武麿・栗原るみ編著『栗原百寿農業理論の射程』(一九九〇)にも合宿研究会を含めて参加させていただいた。その本の出版社が本書と同じ八朔社であったのも因縁というものかもしれない。栗原るみさんは、二〇一〇年に若くして亡くなられてしまったが、同い年の大門正克氏とは今でも仲のよい〝宿敵〟関係が続いている。

そういう筆者もすでに齢七〇となり、研究者仲間にも亡くなる人が目立つようになる中で、グランド・ヒストリー（日本近代史像）批判という院生時代から拘り続けたテーマについて、改めて挑戦する、冒険的な本書を上梓できることを幸せに感じている。なかなか引き受けてもらえる出版社が見つけられない中、快くお引き受けいただいた八朔社の片倉和夫様には心から感謝している。カバーデザインは、今回も長女ｔａｍａｘの作である。また、帝京大学経済学部地域経済学科の出版助成のお世話になった。

本書が挑戦したグランド・ヒストリーは、未だに学校教育や歴史教科書におけるスタンダードである。それは、地租改正と小作争議と農地改革の三位一体で構成され、そのすべてについてオルタナティブを提示しなければ崩れることのない強固な構造物である。今回は、その内の地租改正に対するオルタナティブを提示した。農地改革については、現在、『帝京経済学研究』に「農地改革の真実―その歴史的性格と旧地主報償問題―」という論文を（その1）から（その6）まで公表してきているが、その完結はまだ先になりそうである。もっともハードルが高いのが小作争議で、何とか拙著『新潟県木崎村小作争議：百年目の真実』（北方新社、二〇二三）を自費出版できたが、その次の香川県小作争議にはまだ着手したばかりである。
私に残されている時間は、そんなに長くないが、〝たった一人の反乱〟を続けていくしかない。「はじめに」にも書いたが、人類史が大きく動き始めている中で、近現代日本の歴史像も歴史方法論も問い直しを迫られている。本書が長きにわたって学校教育や歴史教科書の定説となっているグランド・ヒストリー（日本近代史像）に対する、若い研究者による問い直しの一助となることを願ってやまない。

［付記］
この研究は、ＪＳＰＳ科研費２３Ｋ０５４３１の助成を受けたものです。

参考文献一覧（ABC順）

青野春水（一九八二）『日本近世割地制史の研究』雄山閣
青野春水（一九九〇）「割地制と地租改正：新潟県石津村の場合」『比較文化研究所年報』一八：一―一九
青野春水（一九九九）「割地制と地租改正―所持（所有）・進退―」『史料館研究紀要』三〇：二二九―二七三
青野春水（二〇〇二）「割地制と農地改革―新潟県越路町の場合―」『徳島文理大学文学部論叢』一九：七三―一三六
秋津元輝編（二〇一九）『小農の復権』年報 村落社会研究五五
朝尾直弘（一九九一）『日本の近世1 世界史のなかの近世』中央公論社
朝尾直弘（二〇〇四）『朝尾直弘著作集第三巻 将軍権力の創出』岩波書店
尾藤正英（一九八四）「〔公開講演要旨〕日本近世社会の性格」『史学雑誌』九三（一二）：九三―九四
尾藤正英（一九九二）『江戸時代とはなにか：日本史上の近世と近代』岩波書店
ブラウン・フィリップ（二〇〇一）「割地とは何か：日本に存在したもう一つの土地制度の系譜」『環―歴史・環境・文明―』六：二四四―二五三
土肥恒之（一九八九）『「死せる魂」の社会史』日本エディタースクール出版部
土肥恒之（一九九二）『ピョートル大帝とその時代』中公新書
保立道久（二〇〇四）『歴史学をみつめ直す―封建制概念の放棄―』校倉書房

藤村道生（一九七〇）「萬国対峙論の意義と限界―維新外交の理念をめぐって―」『九州工業大学研究報告（人文・社会科学）』一八：一―一六
深谷克己（一九九三）『百姓成立』塙書房
深谷克己（二〇一二）『東アジア法文明圏の中の日本史』岩波書店
福沢諭吉（一九三一）『文明論之概略』岩波文庫
麓慎一（二〇〇五）「ポサドニック号事件について」『東京大学史料編纂所研究紀要』一五：一八九―一九七
フリストフォフ・A・イーゴリ（二〇一二）「農奴制廃止と農村の課税―ヨーロッパ的理念とロシアの現実―」（吉田浩訳）『ロシア史研究』九〇：一〇一―一〇七
平川新（二〇一八）『戦国日本と大航海時代：秀吉・家康・政宗の外交戦略』中公新書
平野義太郎（一九三四）『日本資本主義社会の機構』岩波書店
堀新（二〇一六）「信長・秀吉の国家構想」杉森哲也編『大学の日本史3　近世』山川出版社
呉毅・呉帆（二〇一三）「伝統の転換と再転換―新解放区の土地改革における農民の心性の構築と歴史論理―」奥村哲編『変革期の基層社会―総力戦と中国・日本―』創土社
稲葉継陽（二〇〇九）『日本近世社会形成論』校倉書房
今谷明（二〇〇八）『封建制の文明史観：近代化をもたらした歴史の遺産』ＰＨＰ新書
石井孝（一九七三）『増訂明治維新の国際的環境（分冊一）』吉川弘文館
加藤彰彦（二〇〇九）「直系家族制の現在」『社会学雑誌』二六：三―一八
加藤彰彦（二〇一六）「家社会の成立・展開・比較」加藤彰彦・戸石七生・林研三編『家と共同性』日本経済評論社

川上忠雄（一九七一）『世界市場と恐慌（上）』法政大学出版局
川田信一郎編（一九五三）『割地慣行と農地改革』農業総合研究所研究叢書二六
木越隆三（二〇〇八）『日本近世の村夫役と領主のつとめ』校倉書房
菊地昌典（一九六四）『ロシア農奴解放の研究』御茶の水書房
菊地昌典（一九七二）『増補・歴史としてのスターリン時代』筑摩書房
木村元一（一九五八）『近代財政学総論』春秋社
岸本美緒（二〇一一）「東アジア史の『パラダイム転換』をめぐって」国立歴史民俗博物館編『「韓国併合」一〇〇年を問う：二〇一〇年国際シンポジウム』岩波書店
岸本美緒（二〇一五）「『近世化』論における中国の位置づけ」清水編（二〇一五）所収
鬼頭宏（二〇〇〇）『人口から読む日本の歴史』講談社学術文庫
近藤和彦（一九九九）「近世ヨーロッパ」近藤和彦編『岩波講座　世界歴史16　主権国家と啓蒙』岩波書店
雲和之・森永貴子・志田仁完（二〇〇八）「ロシアの長期人口統計」『経済研究』五九（一）：七四―九三
倉持俊一（一九七九）「鳥山報告へのコメント」吉岡昭彦・成瀬治編『近代国家形成の諸問題』木鐸社
クロスリー・K・P（二〇一二）『グローバル・ヒストリーとは何か』（佐藤彰一訳）岩波書店
栗原百寿（一九七四）『栗原百寿著作集Ⅰ　日本農業の基礎構造』校倉書房
松井憲明（一九七八）「改革後ロシアの農民家族分割」椎名重明編『土地公有の史的研究』御茶の水書房
松村四郎（一九五五）「一八世紀後半期におけるロシア農奴制（二）―爛熟期農奴制の研究―」『天理大学学報』六（三）：一―二四
御子柴道夫（二〇〇三）『ロシア宗教思想史』成文社

三谷博（二〇一六）「国境を越える歴史認識―比較史の発見的効用―」『岩波講座　日本歴史22　歴史学の現在』岩波書店
三ツ松誠（二〇一五）「『近世化』論から見た尾藤正英―『封建制』概念の克服から二時代区分論へ―」清水編（二〇一五）所収
三浦清美（二〇〇三）『ロシアの源流：中心なき森と草原から第三のローマへ』講談社選書メチエ
宮嶋博史（二〇〇六）「東アジア世界における日本の『近世化』」『歴史学研究』八二一：一三―二四
武藤秀太郎（二〇〇三）「山田盛太郎の中国農業分析」川勝平太編『アジア太平洋経済圏史』藤原書店
中村政則（一九九二）「明治維新の世界史的位置―イタリア・ロシア・日本の比較史―」中村政則編『日本の近代と資本主義：国際化と地域』東京大学出版会
中野等（二〇一九）『太閤検地：秀吉が目指した国のかたち』中公新書
中野剛志（二〇一六）『富国と強兵：地政経済学序説』東洋経済新報社
中山治一（一九七四）「クリミア戦争と東アジア」『史林』五七（五）：一―二四
丹羽邦男（一九六一）「わが国土地領有制の解体過程とその特色について」『土地制度史学』一一：一―一五
丹羽邦男（一九九五）『地租改正法の起源』ミネルヴァ書房
永井和（二〇〇七）「東アジア史の『近世』問題」夫馬進編『中国東アジア外交交流史の研究』亜細亜出版
永井和（二〇一六）「近世論からみたグローバル・ヒストリー」『岩波講座　日本歴史22　歴史学の現在』岩波書店
新潟県農地課編（一九五七）『新潟県農地改革史資料（四）割地資料』新潟県農地改革史刊行会
野部公一（二〇一二）「旧ソ連諸国における農業改革」野部公一・崔在東編『二〇世紀ロシアの農民世界』

日本経済評論社

野村美優紀（一九九五）「近代治者の支配戦略」『仏大社会学』二〇：二二一―三一

岡垣知子（二〇〇三）「主権国家システムの規範と変容―一九世紀国際社会の制度化と日本の参入―」『国際政治』一三二：一五―三五

小風尚樹（二〇一五）「19世紀中葉イギリスの東アジア戦略における日本の位置づけ」『クリオ』二九：四四―五八

奥田晴樹（二〇〇四）『日本近世土地制度解体過程の研究』弘文堂

奥田晴樹（二〇一〇）「所有を制約するもの―日本の近代的土地所有に見る―」山田奨治編『コモンズと文化―文化は誰のものか―』東京堂出版

奥田晴樹（二〇一二）『地租改正と割地慣行』岩田書院

奥田央（二〇〇四）「ロシアの『私的土地所有』：伝統と現代」『比較経済体制学会年報』四一（一）：一―一四

パノフ・A・N（二〇一六）「ロシアと日本における改革の時代」『京都産業大学世界問題研究所紀要』三一：六五―八一

坂根嘉弘（二〇一一）『日本伝統社会と経済発展』農文協

坂根嘉弘（二〇一三）「地主制の成立と農村社会」『岩波講座 日本歴史16 近現代2』岩波書店

坂根嘉弘・有本寛（二〇一七）「工業化期の日本農業」深尾京司・中村尚史・中林真幸編『岩波講座 日本経済の歴史3 近代1』岩波書店

坂田聡（二〇一六）「戦国期畿内近国の百姓と家」加藤彰彦・戸石七生・林研三編『家と共同性』日本経済評論社

櫻井誠（一九八九）『米：その政策と運動（上）』農文協
佐々木寛司（二〇〇八）「租税国家と地租」近代租税史研究会編『近代日本の形成と租税』有志舎
佐々木寛司（二〇一六）『地租改正と明治維新』有志舎
佐藤尚武（二〇〇二）『回顧八十年』（日本外交史人物叢書17）ゆまに書房
サトウ・A（一九六〇）『一外交官の見た明治維新（下）』（坂田精一訳）岩波文庫
佐藤芳行（二〇〇〇）『帝政ロシアの農業問題』未来社
サルキソフ・K・O&パノフ・A・N（二〇一六）「ロシアと日本―一六世紀～一九世紀前半における歴史的発展の特徴―」『京都産業大学世界問題研究所紀要』三一：五一―六四
世良晃志郎（一九七七）『封建制社会の法的構造』創文社
清水光明編（二〇一五）『「近世化」論と日本：「東アジア」の捉え方をめぐって』勉誠出版
清水有子（二〇一五）「織田信長の対南蛮交渉と世界観の転換」清水編（二〇一五）所収
下斗米伸夫（二〇一七）『ソビエト連邦史一九一七―一九九一』講談社学術文庫
杉森哲也（二〇一六）「近世という時代」杉森哲也編『大学の日本史3 近世』山川出版社
鈴木建夫（二〇〇四）『近代ロシアと農村共同体―改革と伝統―』創文社
高木昭作（一九九二）「秀吉・家康の神国観とその系譜：慶長十八年『伴天連追放之文』を手がかりとして」『史学雑誌』一〇一（一〇）：一―二六
高橋保行（一九八〇）『ギリシャ正教』講談社学術文庫
高澤紀恵（一九九七）『主権国家体制の成立』山川出版社
武田鏡村（二〇一一）『本願寺と天下人の五〇年戦争―信長・秀吉・家康との戦い―』学研新書

滝島功（二〇一八）「地租改正事務局の活動」『地方史研究』六八（六）：三七―五七

玉真之介（一九九四）『農家と農地の経済学：産業化ビジョンを超えて』農文協

玉真之介（一九九五）『日本小農論の系譜：経済原論の適用を拒否した五人の先達』農文協

玉真之介（二〇〇六）「日本のムラ―その固有の要素と普遍性」『グローバリゼーションと日本農業の基層構造』筑波書房

玉真之介（二〇一八）『日本小農問題研究』筑波書房

玉真之介（二〇二〇）「農地改革の真実―その歴史的性格と旧地主報償問題―（その一）」『帝京経済学研究』五四（一）：一五七―一八七

玉真之介（二〇二一ａ）「一九世紀の『主権国家システム』と地租改正―新たな〝問い〟と仮説の提示―」『研究年報人文編』二七：一―二七

玉真之介（二〇二一ｂ）「農地改革の真実―その歴史的性格と旧地主報償問題―（その二）」『帝京経済学研究』五五（一）：一二三―一六六

玉真之介（二〇二二ａ）『日本農業五・〇：次の進化は始まっている』筑波書房

玉真之介（二〇二二ｂ）「農地改革の真実―その歴史的性格と旧地主報償問題―（その三）」『帝京経済学研究』五六（二）：一二一―一八三

玉真之介（二〇二二ｃ）「農地改革の真実―その歴史的性格と旧地主報償問題―（その四）」『帝京経済学研究』五六（一）：一二一―一八三

玉真之介（二〇二三ａ）『新潟県木崎村小作争議：百年目の真実』北方新社

玉真之介（二〇二三ｂ）「農地改革の真実―その歴史的性格と旧地主報償問題―（その五）」『帝京経済学

研究』五六（二）：九七―一四三
玉真之介（二〇二三c）「農地改革の真実―その歴史的性格と旧地主報償問題―（その六）」『帝京経済学研究』五七（一）：六九―一二〇
玉真之介・木村崇之（二〇一九）「『新基本法制定から二〇年、これからの二〇年』解題」『農業経済研究』九一（二）：一四〇―一四五
田中彰（二〇〇二）『岩倉使節団『米欧回覧実記』』岩波書店
田中陽兒・倉持俊一・和田春樹編（一九九四）『世界歴史大系ロシア史2』山川出版社
田中陽兒・倉持俊一・和田春樹編（一九九五）『世界歴史大系ロシア史1』山川出版社
徳富蘆花（一九六〇）「ヤスナヤ、ポリヤナの五日」志賀直哉・佐藤春夫・川端康成監修『世界紀行文学全集10』（ロシア・ソヴェート）修道社
徳富蘇峰（一九六〇）「トルストイ翁を訪ふ」志賀直哉・佐藤春夫・川端康成監修『世界紀行文学全集10』（ロシア・ソヴェート）修道社
鳥山成人（一九七九）「一八世紀ロシアの貴族と官僚」吉岡昭彦・成瀬治編『近代国家形成の諸問題』木鐸社
鳥山成人（一九八五）『ロシア東欧の国家と社会』恒文社
鵜飼政志（二〇〇四）「イギリスから見た日本の北方海域―一八七〇年代の英露と日本―」『北海道・東北史研究』創刊号：一八―二七
和田春樹（一九六一）「近代ロシア社会の構造」『歴史学研究別冊特集：世界史における日本の近代』：四―二一

和田春樹（一九七一）「ロシアの『大改革』時代」『岩波講座　世界歴史20　二つの大戦と帝国主義Ｉ』岩波書店
和田春樹（一九七八）『農民革命の世界：エセーニンとマノフ』東京大学出版会
渡邊忠司（二〇〇七）『近世社会と百姓成立―構造論的研究―』思文閣出版
柳田国男（一九九三）『明治大正史世相編』講談社学術文庫
山田盛太郎（一九三四）『日本資本主義分析』岩波書店
山本博文（二〇一七）『家光は、なぜ「鎖国」をしたのか』河出文庫
保田孝一（一九七一）『ロシア革命とミール共同体』御茶の水書房
吉田浩（一九九九）「近代ロシア農民の所有観念―勤労原理学説再考―」『スラブ研究』四七：一五七―一七九
吉田浩（二〇〇七）「帝政ロシアの『大改革』とヨーロッパ」『岡山大学文学部プロジェクト研究報告書』八：六三―七四
吉田浩（二〇一二）「農奴解放の開始から大改革へ」『ロシア史研究』九〇：九〇―一〇〇
吉田浩（二〇一七）「帝政ロシアにおける『大改革』の開始と財政金融政策」『岡山大学文学部紀要』六八：三四―四四
吉田俊則（二〇〇〇）「一七世紀前半のロシア国家と教会―ニコンの教会改革前史として―」『ロシア史研究』六六：一五―二六
吉川秀造（一九二六）「農奴解放後に於ける露西亜の土地問題」『経済論叢』二三（三）：四六〇―四八二
財務総合政策研究所（一九九八）『大蔵省史―明治・大正・昭和―』財務省

〔著者紹介〕

玉　真之介（たま しんのすけ）

略歴　岐阜県高山市生まれ。北海道大学大学院農学研究科博士課程修了（農学博士）。岡山大学，弘前大学，岩手大学，徳島大学などを経て，現在は帝京大学経済学部地域経済学科（宇都宮キャンパス）教授。

近著　『日本小農問題研究』（筑波書房，2018）
『日本農業5.0：次の進化は始まっている』（筑波書房，2022）
『新潟県木崎村小作争議：百年目の真実』（北方新社，2023）
『農業基本法2.0から3.0へ：食料，農業，農村の多面的価値の実現に向けて』（編著，筑波書房，2023）など。

ロシアを見れば日本がわかる
日ロ比較農業史

2024年3月15日　第1刷発行

著　者　玉　真之介
発行者　片　倉　和　夫

発行所　株式会社　八朔社（はっさくしゃ）
101-0062　東京都千代田区神田駿河台1-7-7
Tel 03-5244-5289　Fax 03-5244-5298
http://hassaku-sha.la.coocan.jp/
E-mail：hassaku-sha@nifty.com

組版 鈴木まり／印刷・製本 厚徳社
ISBN 978-4-86014-115-8